超级自控力

连山 ／著

中国华侨出版社

北京

前言
PREFACE

　　自控力是一个人自觉地调节和控制自己行动的能力。自控力强的人，能够理智地对待周围发生的事件，有意识地控制自己的思想感情，约束自己的行为。加强自控力也就是磨炼意志的过程。

　　一个人在事业上的成功需要有强大的自控力。自控力强的人，能理智地控制自己的欲望，分清轻重缓急，对不正当的欲望会坚决予以抛弃；自控力强的人，处在危险和紧张状态时，不意气用事，能够保持镇定，克制内心的恐惧和紧张，做到临危不惧、忙而不乱；自控力强的人，在崇高理想的支配下，能够忍耐克己，为事业、为社会做出惊天动地的大事。相反，自控力薄弱的人遇事不冷静，处理问题不顾后果、任性、冒失，易被诱因干扰而动摇，或惊慌失措。

　　自控力也是人们获得成功人生所必备的素质。如果你今天计划做某件事，但早上起床后，因昨晚休息得太晚而困倦，你是否还能坚持着离开那温暖舒适的床呢？如果你要远行，但身体乏力，你是否会停止旅行计划？如果你正在做的一件事遇到了极大的、难以克服的困难，你是继续做呢，还是停下来等等看？诸如此类的问题，一定要处理得干脆利落，千万不要纵容自己，给自己找借口。对自己严格一点儿，时间长了，自控便成为一种习惯、一种生活方式，你的人格也会因此变得更完美。

总之，自控力是成功的基本要素，自控力强的人能够更好地控制自己的注意力、情绪、欲望、习惯和行为，更好地应对压力、解决冲突、战胜逆境。这可以解释成功者和失败者之间的区别。能够控制自己的人，比征服了一座城池的人还要伟大。是自控力造就伟人，造就机遇，造就成功。一个人可能在缺乏教育和健康的条件下成功，但绝不可能在没有自控力的情况下成功！

但自控力的养成是一个长期的过程，不是一朝一夕的事情。本书深入分析了自控力的内涵，阐明了如何培养、提高自控力，提供了具体有效的自控力训练方法和提高途径；探讨了如何运用、发挥自控力，控制情绪和欲望、改变旧习惯、克服拖延等。如果你总拖到最后一分钟才开始工作；总是月光，信用卡透支；想按时作息，却又熬夜上网；一直想改变自己，却总是受挫败——那么本书就是专门为你而写的。

目录

CONTENTS

导言：自控力成就人生

第一章 解救被情绪绑架的理性

先了解情绪，再管理情绪

第四章　一生中总有一个时期需要卧薪尝胆

宝剑锋从磨砺出，梅花香自苦寒来

低谷时不放弃，在寂寞中悄然突破

第五章　掌控时间，掌控人生

掌控时间，从做好计划开始

在工作和生活之间寻求平衡

第六章　团队合作中的自控力艺术

用自控力修炼强大领导力

自控力与团队合作

导言：自控力成就人生

自控力使人强大

一个人能够自我控制的秘密源于他的思想。我们经常在头脑中储存的东西会渐渐地渗透到我们的生活中去。如果我们是自己思想的主人，如果我们可以控制自己的思维、情绪和心态，那么，我们就可以控制生活中可能出现的所有情况。

我们都知道，当沸腾的血液在我们狂热的大脑中奔涌时，控制自己的思想和言语是多么的困难。但我们更清楚，让我们成为自己情绪的奴隶是多么危险和可悲。这不仅对工作与事业来说是非常有害的，而且还减少了效益，甚至还会对一个人的名誉和声望产生非常不利的影响。无法完全控制和主宰自己的人，无法掌握自己的命运。

有一个作家说："如果一个人能够对任何可能出现的危险情况都进行镇定自若的思考，那么，他就可以非常熟练地从中摆脱出来，化险为夷。而当一个人处在巨大的压力之下时，他通常无法获得这种镇定自若的思考力量。要获得这种力量，需要在生命中的每时每刻，对自己的个性特征进行持续的研究，并对自我控制进行持续的练习。而在这些紧急的时刻，有没有人能够完全控制自己，在某种程度上决定了一场灾难以后的发展方向。有时，也是在一场灾难中，这个可以完全控制自己的人，常常被要求去控制那些不能自我控制的人，因为那些人由于精神系统的瘫痪而暂时失去了作出正确决策的能力。"

看到一个人因为恐惧、愤怒或其他原因而丧失自我控制力时，这是非常悲惨的一幕。而某些重要事情会让他意识到，彻彻底底地成为自己的主人，牢牢地控制自己的命运是多么的必要。

想想看有这样一个人，他总是经常表露自己的想法——要成为宇宙中所有力量的主人，而实际上他却最终给微不足道的力量让了路！想想看他正准备从理性的王座上走下来，并暂时地承认自己算不上一个真正的人，承认自己对控制自己行为的无能，并让他自己表现出一些卑微和低下的特征去说一些粗暴和不公正的话。

由于缺少自制美德的修炼，我们许多成年人还没有学会去避免那伤人的粗暴脾气和锋利逼人的言辞。

不能控制自己的人就像一个没有舵的船，它处在任何一阵突然刮起的狂风的左右之下。每一次激情澎湃的风暴，每一种不负责任的思想，都可以把它推到这里或那里，使它偏离原先的航道，并使它无法达到期望中的目标。

自我控制的能力是高贵品格的主要特征之一。能镇定且平静地注视一个人的眼睛，甚至在极端恼怒的情况下也不会有一丁点儿的脾气，这是一种其他东西无法给予的力量。人们会感觉到，你总是自己的主人，你随时随地都能控制自己的思想和行动，这会为你带来一种威严和力量，这种东西有助于品格的全面完善。

这种做自己主人的思想总是很积极的。而那些只有在自己乐意这样做，或对某件事特别感兴趣时才能控制思想的人，永远不会获得任何大的成就。那种真正的成功者，应该在所有时刻都能让他的思维来服从他的意志力。这样的人，才是自己情绪的真正主人；这样的人，他已经形成了强大的精神力量，他的思维在压力最大的时候恰恰处于最巅峰的状态。

自控力营造幸福生活

在社会中，只有遇事不慌、临危不惧的人才能成就大事，而那些情绪不稳、时常动摇、缺乏自信，遇到危险就躲、遇到困难就慌神的人，只能过平庸的生活。

自控是一种力量，自控使人头脑冷静、判断准确。自控的人充满自信，同时也能赢得别人的信任。

自控力强的人，比焦虑万分的人更容易应付种种困难、解决种种矛盾。而一个做事光明磊落、生气蓬勃、令人愉悦的人，无论到哪儿都是受人欢迎的。

在商人中，自控能产生信用。银行相信那些能控制自己的人。

商人们相信，一个无法控制自己的人既不能管理好自己的事务，也不能管理好别人的事务。一个人可能在缺乏教育和健康的条件下成功，但绝不可能在没有自制力的情况下成功！

无论是谁，只要能下定决心，决心就会为他的自制行为提供力量与后援。能够支配自我，控制情感、欲望和恐惧心理的人会比国王更伟大、更幸福。否则，他就不可能取得任何有价值的进步。

张飞得知关羽被东吴杀害后，陷入了极度的悲痛之中，他"旦夕号泣，血湿衣襟"。刘、关、张桃园结义，手足之情极为深厚，如今兄长被害，张飞的悲痛也算是一种正常的情绪反应。但他在悲痛之中丧失了起码的理智，任由此种不利情绪的发展，并深深感染了刘备，不仅给自己招来杀身之祸，也极大地损害了三人为之奋斗的事业。刘备得知关羽为东吴所害，悲愤之下准备出兵伐吴，赵云向刘备分析当时的形势："国贼乃曹操，非孙权也。今曹丕篡汉，神人共怒，陛下可早图关中……若舍魏以伐吴，兵势一交，岂能骤解……汉贼之仇，公也；兄弟之仇，私也。愿以天下为重。"赵云所主张的先公后私就是一种理智的选择。若听任自己情绪的指挥，当然要先为关羽报仇雪恨；若从光复汉室的大局着想，则应以伐魏为先。刘备在诸葛亮的苦劝之下，好不容易"心中稍回"，却被张飞无休止的号哭弄得伐吴之心又起。

张飞痛失兄长，恨不得立刻到东吴杀个血流成河，他"每日望南切齿、睁目怒恨"。由于报仇心切，一腔怨怒无处发泄，在不知不觉之间把怒气出到了自己人头上，"帐上帐下，但有犯者即鞭挞之；

多有鞭死者"，他的情绪失控到了杀自己人出气的地步，并传染给身边的每一个人。

张飞的情绪失控，不仅使自己，也使刘备在理智与情绪的抗衡中败下阵来，冲动地作出了出兵东吴的错误决定，结果使蜀汉的力量在这场战争中大大削弱，为蜀汉的衰落埋下了伏笔。

当一个人的怨恨到了丧失理智的地步时，他去伤害别人或被别人伤害也就在情理之中了。张飞向手下将士发出了"限三日内制办白旗白甲，三军披孝伐吴"的命令，根本不考虑手下能否在那么短的期限内完成任务。当末将范疆、张达为此犯难时，张飞不由分说，将二人"缚于树上，各鞭背五十"，"打得二人满口出血"，还威胁道："来日俱要完备！若违了限，即杀汝二人示众！"

刘备得知张飞鞭挞部属之事，曾告诫他这是"取祸之道"，说明刘备也认识到了张飞丧失理智背后隐藏的危险。然而张飞仍不警醒，不给别人留任何退路，连"兔子急了也咬人"的道理都忘了。最后，范疆、张达无法可想，只好拼个鱼死网破，趁张飞醉酒，潜入帐中将其刺死。

由于张飞不善于控制自己的负面情绪，尽管他有勇猛、豪爽、忠义之名，却不受部属的拥戴。作为一员大将，没有战死沙场，却死于自己人之手，这的确是缺乏自制力而酿成悲剧的一个典型例子。

同时张飞也是一位不懂得情绪自控的人，最终导致这样的结局，不能不说是一种必然结果。

人生在世，若缺乏自控力，将会令生活"一片狼藉"。一个人若完全被情绪所控制，那样伤害的不只是别人，你自己也会因此失去拥有幸福的机会。

许多名人写下了无数文字来劝诫人们要学会自我克制。詹姆士·博尔顿说："少许草率的词语就会点燃一个家庭、一家邻居或一个国家的怒火，而且这样的事情常常发生。半数的诉讼和战争都是因为言语而引起的。"乔治·艾略特则说："妇女们如果能忍着那些她们知道无用的话不说，那么她们半数的悲伤都可以避免。"

赫胥黎曾经写下过这样的话："我希望见到这样的人，他年轻的时候接受过很好的训练，非凡的意志力成为他身体的真正主人，应意志力的要求，他的身体乐意尽其所能去做任何事情。他头脑明智，逻辑清晰，他身体所有的功能和力量就如同机车一样，根据其精神的命令准备随时接受任何工作，无论是编织蜘蛛网这样的细活还是铸造铁锚这样的体力活。"

希尔曾说："一个有自制力的人，不易被人轻易打倒；能够控制自己的人，通常能够做好分内的工作，不管是多么大的困难皆能予以克服。"

许多人，特别是年轻人情绪丰富不稳，自制力较差，往往从理智上也想自我锤炼，积极进取，但在感情和意志上却控制不了自己。专家们认为，要成为一个自控力强的人，需做到以下几点。

（1）自我分析，明确目标。一是对自己进行分析，找出自己在哪些活动中、何种环境中自制力差，然后拟出培养自制力的目标步骤，有针对性地培养自己的自制力；二是对自己的欲望进行剖析，扬善去恶，抑制自己的某些不正当的欲望。

（2）着眼长远目标。心理学的研究表明，一个人的认识水平和动机会影响一个人的自制力。一个成就动机强烈，人生目标远大的人，会自觉抵制各种诱惑，摆脱消极情绪的影响。无论他考虑任何问题，都着眼于事业的进取和长远的目标，从而获得一种控制自己的动力。

（3）从日常生活中的小事做起。高尔基说："哪怕是对自己小小的克制，也会使人变得更加坚强。"人的自制力是在学习、生活工作中的千百万小事中培养、锻炼起来的。许多事情虽然微不足道，但却影响到一个人自制力的形成。如早上按时起床、严格遵守各种制度、按时完成学习计划等，都可积小成大，锻炼自己的自控力。

（4）绝不让步迁就。培养自控力，要毫不含糊地坚持和执行。不论什么东西和事情，只要意识到它不对或不好，就要坚决克制，绝不让步和迁就。另外，对已经作出的决定，要坚定不移地付诸行动，绝不轻易改变和放弃。如果执行决定半途而废，就会严重地削弱自己的自控力。

（5）经常进行自警。如当学习时忍不住想看电视时，马上警告自己，管住自己；当遇到困难想退缩时，不妨马上警告自己别懦弱。这样往往会唤起自尊，战胜怯懦，成功地控制自己。

（6）进行自我暗示和激励。自制力在很大程度上就表现在自我暗示和激励等意念控制上。意念控制的方法有：在你从事紧张的活动之前，反复默念一些树立信心、给人以力量的话，时时提醒激励自己；在面临困境或身临危险时，利用口头命令，如"要沉着、冷静"，以组织自身的心理活动，获得精神力量。

（7）进行松弛训练。研究表明，失去自我控制或自控力减弱，往往发生在紧张心理状态中。若此时进行些放松活动，如按摩、意守丹田等，则可以提高自控水平。因为放松活动可以有意识地控制心跳加快、呼吸急促、肌肉紧张，获得生理反馈信息，从而控制和调节自身的整个心理状态。

强大的自控力是成功的基本要素

无法管好自己的人也无法管好别人

一个不能控制自己的人，往往情绪激动，指手画脚，使本来可以办成的事办不成。这是成事一大戒，成大事者的习惯是：先控制自己。

世界上，唯有自己最可怕，也唯有自己最难以对付。

自控是自己管理自己、自己尊重自己、自己塑造自己。一个能自我管理的人，是一个成熟的人，是一个为自己负责任的人。

一个成功的人既要受别人的监督，又要受自己的监督。别人的监督可以发现自己发现不了的事情，自己的监督就是自制。

自控，就是自己给自己一个纪律。"纪律"这个词来源于信徒，也就是跟随者的意思。所以，当你把自己放在信徒之前，那就是说自己是自己的老师，是一个自我推动者、自我塑造者，是自己的跟

超级自控力

随者。你必须在思想上认定没有人能够比你更好地教你自己，没有人比你自己更值得你去跟随，没有人能比你更好地改正你自己。你要愿意做这些事情，你要愿意教育自己，你要愿意跟随自己，你要愿意在必要的时候惩罚自己。

服务于英国警界30多年的尼格尔·柏加，在日内瓦举行的一次国际退役警员协会周年大会上，荣获"世界最诚实警察"的美誉。

尼格尔·柏加时年54岁，未婚。有一次，他到英格兰风景如画的湖泊区度假，发现自己在限速30千米区域内以时速33千米驾驶之后，给自己开了一张违例驾驶传票。他回忆道："由于当时见不到其他警员在场，无人抄牌，而最简单的办法莫过于把车停在路旁，走下车来，写一张传票给自己。"

驶抵市区后，他立刻把这件事报告交通当局。主管违例驾车案件的法官起初大感意外，继而大受感动，他说："我当了多年法官，从未遇到过这样的案件。"结果，他判罚尼格尔25英镑。

尼格尔的自律是一以贯之的。无论是在工作上，还是在生活上，他都是一个严于律己的人。有一次，他的母亲在公园散步时擅自摘取花朵作为帽饰，当他发现后毫不留情地把母亲拘控了。不过，罚款定了以后，他立刻替母亲交付那笔罚款。他解释说："她是我母亲，我爱她，但她犯了法，我有责任像拘控任何犯法的人一样拘控她。"

一生的时间，有的人能够成就一番事业，有的人却一事无成。除了机遇不同外，有的人勤奋，有的人懒惰。有些人虽然勤奋，注意力却不集中，老是漫不经心，朝秦暮楚。漫不经心是人最大的弊病，它使得人蹉跎一生，无所成就。要克服漫不经心，就必须有一定的意志力来约束自己，让自己一次只完成一件事。控制好自己，养成这样的习惯，循序渐进，慢慢培养自己的性格，也就获得了通向成功大门的钥匙。

人们常说以身作则，只有自己做好了，才能让别人信服。同样，只有具有自制力的人，才能很好地控制其他的人。

凡成功者无不懂得自制

成功的一个基本要素是控制自我，没有自控力的人终将一无所成，一点的小刺激和小诱惑都抵制不了，面对大的诱惑必将深陷其中。

控制自我情绪是一种重要的能力，也是人区别于动物的重要标志。人是有理性的，不能只依赖感情行事。

托马斯·曼告诫人们："控制感情的冲动，而不是屈从于它，人才有可能得到心灵上的安宁。"

没有自控力的人是可怕的，不但他的思想会肆意泛滥，行为更会如此。有人喝酒成瘾、上网成瘾等，无一不是缺乏自制力的表现。

一个失去自控能力的人是不会得到命运的眷顾与垂青的。

那些以为自制就会失去自由的人，对"自由"与"自制"的意义显然还没有深刻的领会。因为自我控制不是要以失去自由为代价，恰恰是为了保证自由最大限度内的实现。

一位骑师精心训练了一匹好马，所以骑起来得心应手。只要他把马鞭子一扬，那马儿就乖乖地听他支配，而且骑师说的话马儿句句都明白。

骑师认为用言语指令就可以驾驭住了，缰绳是多余的。有一天，他骑马外出时，就把缰绳给解掉了。

马儿在原野上驰骋，开始还不算太快，仰着头抖动着马鬃，雄赳赳地高视阔步，仿佛要叫他的主人高兴。但当它知道什么约束都已经解除了的时候，它就越发大胆了，它再也不听主人的叱责，越来越快地飞驰在辽阔的原野上。

不幸的骑师，如今毫无办法控制他的马了，他用颤抖的手想把缰绳重新套上马头，但已经无法办到。失去羁控的马儿撒开四蹄，一路狂奔着，竟把骑师摔下马来。而它还是疯狂地往前冲，像一阵风似的，路也不看，方向也不辨，一股劲儿冲下深谷，摔了个粉身碎骨。

"我可怜的好马呀，"骑师好不伤心，悲痛地大叫道，"是我一手造就你的灾难。如果我不冒冒失失地解掉你的缰绳，你就不会不听我的话，就不会把我摔下来，你也绝不会落得这样凄惨的下场。"

追求自由是无可非议的，但我们不能放任自流。一点也不加以限制的自由，本身就潜藏着无穷的害处与危险，严重的时候，就像脱缰的马儿一样难以控制。世界上不存在绝对的自由，真正意义上的自由，是"戴着镣铐跳舞"。

给情绪一个自制的阀门，我们自然会做到挥洒自如，赢得卓越的人生。

控制自我是能力的体现

20 世纪 60 年代早期的美国，有一位很有才华、曾经做过大学校长的人，竞选美国中西部某州的议会议员。此人资历很高，又精明能干、博学多识，非常有希望赢得选举的胜利。

但是，一个很小的谎言散布开来：3年前，在该州首府举行的一次教育大会上，他跟一位年轻的女教师"有那么一点暧昧的行为"。这其实是一个弥天大谎，而这位候选人不能控制自己的情绪，他对此感到非常愤怒，并尽力想要为自己辩解。

由于按捺不住对这一恶毒谣言的怒火，在以后的每次集会中，他都要站起来极力澄清事实，证明自己的清白。

其实，大部分选民根本没有听到或过多地注意这件事，但是，现在人们却越来越相信有那么一回事了。公众们振振有词地反问："如果你真是无辜的，为什么要为自己百般狡辩呢？"

如此火上加油，这位候选人的情绪变得更坏，他气急败坏、声嘶力竭地在各种场合为自己辩解，以此谴责谣言的传播者。然而，这更使人们对谣言确信不疑。最悲哀的是，连他的太太也开始相信谣言了，夫妻之间的亲密关系消失殆尽。

最后，他在选举中败北，从此一蹶不振。

控制自我情绪是一种重要的能力，也是一种难能可贵的艺术。一个不懂得控制自我的人，只会任由情绪的发展，使自己有如一头失控的野兽，一旦不小心闯到熙熙攘攘的人群中，则会伤人伤己。

第一章 CHAPTER 1

解救被情绪绑架的理性

先了解情绪，再管理情绪

了解我们自身的情绪模式

　　心理学上有一个定义称为情绪模式，它是指在外界持续刺激的影响下，逐渐形成的固定的连锁情绪反应路径与行为结果。通俗地解释，即"每当……时（外界刺激），我的心情就会……（情绪反应），结果我就会……（产生行为结果）"。例如，每当有女同事穿了漂亮的新衣服，"我"就会认为自己的身材不好，穿同样的衣服肯定没有那样的效果，心情就会很低落，结果整天避免和穿新衣服的女同事正面接触。

　　情绪模式起因于人类大脑的应激功能和记忆功能。如果对于外界刺激的应对方式被持续使用，大脑和身体的网络系统就会发生作用，将这种应对机制模式化，生成固定的链接，从而形成情绪模式——面对相同事物时产生相同的情绪、思维和行动。

情绪模式有以下特点：

其一，情绪模式的形成源于相同的刺激源。每当遇到同样的情境，人们就会产生相似的情绪并导致相似的行为结果；

其二，情绪模式的形成是一个循序渐进的过程，经过多次相同的外界环境的刺激，情绪模式才会形成；

其三，情绪模式的反应速度极其迅速。它具有"第一时间反击"的特点，一旦形成后，再遇到外界相同的刺激源时就会以主体察觉不到的速度快速启动。

情商理论中有种现象叫作"情绪绑架"，是指已经形成的情绪模式阻碍了大脑的理智思考，强制启动应激行为作为对情绪的反应。这是因为情绪模式一旦形成就很难改变，这也是为什么常常会听到有人说"我不知道为什么当时那么伤心，以致做出那么傻的举动""我那时候就是忍不住对平时很尊敬的老师大吼大叫"的原因。由此可见，"情绪绑架"对情绪主体是弊大于利的。

人们一直致力于摆脱"情绪绑架"，而成功的关键就在于识别自身的情绪模式，找到病因，对症下药。但是情绪模式经过日积月累已经成为我们潜意识的一部分，行为主体很难站在客观的角度将其识别出来。可以根据以下几个步骤来有意识地察觉自己的情绪变化及其引起的连锁反应，以及最后自己采取的行动，从而识别出自己的情绪模式。

步骤一，记录情绪变化。有意识地关注自身情绪变化，包括变化的原因及变化引发的影响。察觉到这些之后要及时准确地加以记录。

步骤二，自我情绪反省。充分利用步骤一的成果——情绪变化记录表，观察自己历次情绪变化的诱因是否值得，情绪反应的行为是否得当。如果造成的是积极的结果，要告诉自己努力保持，如果造成的是消极的影响，要及时提醒自己消除不良情绪的滋长，将其扼杀在萌芽状态。例如，发现自己总是为衣着打扮等外在因素而嫉妒身边的女同事，从而与其疏远，那么经过反思之后遇事就要用包容的心态去思考，要让自己提高内在素养，摒弃对虚无外表的追求。一段时间过后，你会发现自己从前对身外之物斤斤计较的想法是多么可笑和不值得。

步骤三，倾诉不良情绪。"不识庐山真面目，只缘身在此山中。"由于情绪模式已经固化在我们的头脑和神经系统中，难以自我察觉，所以，我们可以求助于他人来捕捉自己的情绪变化。可以先与家人和好友沟通，请他们在自己情绪变化时及时告知。观察的方法可以通过日常沟通中的面部表情、肢体语言等流露出的潜意识来判断你的情绪变化，从而追踪到你情绪变化的诱因和由此导致的行为结果。你可以根据他人的意见来了解自己内心真实的想法。

步骤四，测试自身情绪。我们可以通过专业的情绪测试工具或咨询专家来发现自己的情绪模式。看似与情绪问题相距甚远的测试问卷或者专家的漫无边际的访谈，却可以借助科学的手段准确地了解你情绪模式的病症所在。

当然，以上四个步骤的最终目的是发现问题，解决问题。我们发现了自己的情绪模式之后就可以将其一一列出，并且在每天的日常生活中逐项加以克服，坚持这样一个循序渐进、由浅入深的过程，我们就可以达到摆脱"情绪绑架"的最终目的了。

勿让情绪左右自己

情绪如同一枚炸弹，随时可能将你炸得粉身碎骨。遇到喜事喜极而泣，遇到悲伤的事情一蹶不振，人世间的悲欢离合都被人的心绪所左右。

爱、恨、希望、信心、同情、乐观、忠诚、快乐、愤怒、恐惧、悲哀、疼痛、厌恶、轻快、仇恨、贪婪、嫉妒、报复、迷信都是人的情绪。情绪可能带来伟大的成就，也可能带来惨痛的失败，人必须了解、控制自己的情绪，勿让情绪左右了自己。能否很好地控制自己的情绪，取决于一个人的气度、涵养、胸怀、毅力。气度恢宏、心胸博大的人都能做到不以物喜，不以己悲。

激怒时要疏导、平静；过喜时要收敛、抑制；忧愁时宜释放、自解；焦虑时应分散、消遣；悲伤时要转移、娱乐；恐惧时要寻支持、帮助；惊慌时要镇定、沉着……情绪修炼好，心理才健康。

空姐吴尔愉是个控制情绪的高手。她的优雅美丽来自一份健康的心态。她认为，当心里不畅快的时候，一定要与人沟通、释放不快。如果一个人习惯用自己的优点和别人的缺点相比，对什么都不满意，却对谁都不说，日积月累，不但她的心情很糟糕，而且她的皮肤也会粗糙，美貌当然会减半。所以，有不开心、不顺心的事，她一定找一个倾诉的伙伴。不但自己能一吐为快，朋友也能从旁观者的角度给她建议，让她豁然开朗。

在工作中，她更善于控制情绪，让工作成为好心情的一部分。飞机上常常遇见刁钻、挑剔的客人。吴尔愉总是能够让他们满意而归。她的秘诀就是自己要控制好情绪，不要被急躁、忧愁、紧张等消极情绪所左右，换位思考，乐于沟通。

有一位患上皮肤病的客人在飞机上十分暴躁，一些空姐都对他很生气。此时吴尔愉却亲切地为他服务，并且让空姐们想想如果自己也得了皮肤病，是否会比他还暴躁。在她的劝导下，大家都细心照顾起这位乘客来。

做自己情绪的主人，是吴尔愉生活的准则，也是她事业成功的秘诀。以她名字命名的"吴尔愉服务法"已成为中国民航首部人性化空中服务规范。能适度地表达和控制自己的情绪，才能像吴尔愉一样，成为情绪的主人。人有喜怒哀乐不同的情绪体验，不愉快的情绪必须释放，以求得心理上的平衡。但不能过分发泄，否则，既影响自己的生活，也会在人际交往中产生矛盾，于身心健康无益。

当遇到意外的沟通情境时，就要学会运用理智，控制自己的情绪，轻易发怒只会造成负面效果。

累了，去散散步。到野外郊游，到深山大川走走，散散心，极目绿野，回归自然，荡涤一下胸中的烦恼，清理一下混乱的思绪，净化一下心灵尘埃，唤回失去的理智和信心。

唱一首歌。一首优美动听的抒情歌，一曲欢快轻松的舞曲或许会唤起你对美好过去的回忆，引发你对灿烂未来的憧憬。

读一本书。在书的世界遨游，将忧愁悲伤统统抛诸脑后，让你的心胸更开阔，气量更豁达。

看一部精彩的电影，穿一件漂亮的新衣，吃一点最爱的零食……不知不觉间，你的心不再是情绪的垃圾场，你会发现，没有什么比被情绪左右更愚蠢的事了。

生活中许多事情都不能左右，但是我们可以左右我们的心情，不再做悲伤、愤怒、嫉妒、怀恨的奴隶，以一颗积极健康的心去面对生活中的每一天。

控制自我是高情商的体现

一个成功的人必定是有良好自我控制能力的人，控制自我不是说不发泄情绪，也不是不发脾气，过度压抑会适得其反。良好的控制自我就是不要凡事都情绪化，任由情绪发展，而是要适度控制，这是一种能力的体现。

其实，人的情绪表现会受众多因素的影响，例如，他人言语、突发事件、个人成败、环境氛围、天气情况、身体状况等等。这些因素可以按照来源分为外部因素（刺激）和内部因素（看法、认识）。两种因素共同决定了人的情绪表现和行为特征，其中个人的观点、看法和认识等内部因素直接决定人的情绪表现，而个人成败、恶言恶语等外部因素则通过影响情绪内因而间接影响人的情绪表现。

情绪可以成为你干扰对手、打败对手的有效工具；反过来说，情绪也会成为对手攻击你的"暗器"，让你丧失理智，铸成大错。

电影《空中监狱》中有这样一段情节：从海军陆战队受训完毕的卡麦伦来到妻子工作的小酒馆，正当两人沉浸在重逢的喜悦中时，几个小混混不合时宜地出现了，对他漂亮的妻子百般骚扰。卡麦伦在妻子的劝阻下，好不容易按下怒火，离开酒馆准备回家去。没想到在半路上又遇到那帮人，听着他们放肆的下流话语，卡麦伦再也无法忍受了，他不顾妻子的叫喊，愤怒地冲过去和他们搏斗起来。混乱中，一个小混混从衣兜里掏出一把锋利的匕首，卡麦伦不假思索地夺过匕首，一刀捅入对方的胸膛……那人当场死亡了，卡麦伦因为过失杀人，被判了 10 年徒刑。无论他有多么后悔，也只得挥泪告别刚刚怀孕的妻子，在狱中度过漫长的痛苦时光……

卡麦伦的悲剧难道不是他自己造成的吗？如果他能够控制自己的情绪，不正面与小混混冲突，又怎会酿成如此悲剧？制裁坏人并不一定要靠拳头和武力，当时，如果卡麦伦能稍微理智一些，向警方求助，事情一定不会演变到这种地步。

控制自我情绪是一种重要的能力，也是一门难能可贵的艺术。一个不懂得控制自我的人，只会任由其情绪的发展，使自己有如一头失控的野兽，一旦不小心闯到熙熙攘攘的人群中，则会伤人伤己。人是群居的动物，不可能总是一个人独处，因此，一旦情绪失控，必将波及他人。控制自我情绪绝对是种必须具备的能力。

美国研究应激反应的专家理查德·卡尔森说："我们的恼怒有80%是自己造成的。"这位加利福尼亚人在讨论会上教人们如何不生气。卡尔森把防止激动的方法归结为这样的话："请冷静下来！要承认生活是不公正的。任何人都不是完美的，任何事情都不会按计划进行。"理查德·卡尔森的一条黄金法则是："不要被小事情牵着鼻子走。"他说："要冷静，要理解别人。"他的建议是：表现出感激之情，别人会感觉到高兴，而你的自我感觉会更好。

学会倾听别人的意见，这样不仅会使你的生活更加有意思，而且别人也会更喜欢你；每天至少对一个人说，你为什么赏识他；不要试图把一切都弄得滴水不漏；不要顽固地坚持自己的权利，这会花费许多不必要的精力；不要老是纠正别人；常给陌生人一个微笑；不要打断别人的讲话；不要让别人为你的不顺利负责；要接受事情不成功的事实，天不会因此而塌下来；请忘记事事必须完美的想法，你自己也不是完美的。这样生活会突然变得轻松得多。

当你抑制不住生气时，你要问自己：一年后生气的理由是否还那么重要？这会使你对许多事情得出正确的看法。控制住自我，你的能力就会彰显出来。

让烦恼不再找你

烦恼是一种不良情绪，忘掉自我，专心投入你当前要做的事情中，可以让你克服紧张情绪，保持一种泰然自若的心态。当许多事情过后，你会发现那不过是庸人自扰，根本没有你原先想象的那么复杂、困难。何苦非要与自己过不去呢？高情商的人往往会让烦恼过期，让快乐的情绪回到自己的身边。

球王贝利刚刚入选巴西最著名的球队——桑托斯足球队时，曾经因为过度紧张而一夜未眠。他翻来覆去地想着："那些著名球星们会笑话我吗？万一发生那样尴尬的情形，我有脸回来见家人和朋友吗？"一种前所未有的怀疑和恐惧使贝利寝食不安。虽然自己是同龄人中的佼佼者，但烦恼使他情愿沉浸于希望，也不敢真正迈进渴求已久的现实。

最后，贝利终于身不由己地来到了桑托斯足球队，那种紧张和恐惧的心情，简直没法形容。"正式练球开始了，我已吓得几乎快要瘫痪。"原以为刚进球队只不过练练盘球、传球什么的，然后便肯定会当板凳队员。哪知第一次，教练就让他上场，还让他踢主力中锋。紧张的贝利半天没回过神来，双腿像长在别人身上似的，每次球滚到他身边，他都好像看见别人的拳头向他击来。在这样的情况下，他几乎是被硬逼着上场的。但当他迈开双腿，便不顾一切地在场上奔跑起来时，他便渐渐忘了是跟谁在踢球，甚至连自己的存在也忘了，只是习惯性地接球、盘球和传球。在快要结束训练时，他已经忘了桑托斯球队，而以为又是在故乡的球场上练球了。

那些使他深感畏惧的足球明星们，其实并没有一个人轻视他，而且对他相当友善。如果贝利一开始就能够相信自己，专心踢球，而不是无端地猜测和担心，就不必承受那么多的精神压力了。但是最后，他还是战胜了烦恼，让烦恼迅速过去，重新找回了自己。

有人说过："既然你无法控制天气，那么为天气而烦恼岂不是庸人自扰？"

有一个美国旅行者来到了苏格兰北部，他问一位坐在墙边的老人："明天天气怎么样？"老人看也没看天空就回答说："是我喜欢的天气。"旅行者又问："会出太阳吗？""我不知道。"他回答道。"那么，会下雨吗？""我不想知道。"这时旅行者已经完全被搞糊涂了。"好吧，"他说，"如果是你喜欢的那种天气的话，那会是什么天气呢？"老人看着美国人，说："很久以前我就知道我没法控制天气了，所以不管天气怎样，我都会喜欢。"

谁都会有烦恼的事情，但是，如果总是为一些无端的事情或自己无法操控的事情而烦恼，情况严重的话就是一种病态心理。如果总是为不期而至的意外烦恼不已，或悲观失望，结果让自己的生活变得更糟糕，这样不是很愚蠢吗？我们既然不能改变既成事实，为什么不改变面对事实尤其是坏事时的态度呢？

其实，消除烦恼最有效的办法是正视现实，摒弃那些引起你忧虑不安的因素。下面为大家提供一些消除烦恼的方法。

★更加现实地利用时间

人们有时变得烦躁不安是由于碰到了自己无法控制的局面。此时，你应该设法创造条件，使现实向着对你有利的方面转化。例如，当你在商店、公共汽车站或某地排长队等待时，切不要为之烦恼。此时你可以把思想转向别的什么事上，诸如回忆一段令人愉快的往事，思考一下工作中所遇到的事情，也可以做几次深呼吸。

★做事情切莫一拖再拖

当面临一项既艰巨又必须完成的任务时，很多人能拖一天就拖一天。可是，这只能增加你的不安情绪，倒不如选择及时、圆满地去完成它。因为今天对你棘手的任务明天同样棘手，因此，你应立刻行动、切莫等待。

★做事情不要急于求成

在怀有远大抱负和理想的同时，要注意树立短期目标，一步一步地实现你的理想，而不要急于求成，否则只会出现拔苗助长的结果。

★使自己静下心来

感到烦闷无聊时，最重要的是先使自己静下心来，再找其根源。什么都不做是消除烦恼的简单彻底而令人难以置信的良方，静观掠过的思绪，默数呼吸次数，再加以反省。

★合理宣泄心中的烦恼

当我们碰到情绪困扰时，最好找个亲密的朋友、亲戚、可依赖的同事，将自己的心绪倾吐出来，告诉他们，你需要他们的劝告和指导。就算他们不能给你什么具体的帮助，但只要他们能耐心地坐下来，静静地倾听，你倾吐完也会感到豁然开朗。

★采用其他的放松运动

放松运动并不一定只是体育方面，或类似的一些简单机械的活动，它还应包括所有能使你完全摆脱日常无味的工作、家庭琐事的活动。如弹奏乐器、绘画、养花种草以及唱歌、摄影等，培养自己的兴趣，才能找到一种寄托，从而忘记烦恼。

踢走"负面情绪"这个绊脚石

心理学上把焦虑、紧张、愤怒、沮丧、悲伤、痛苦等情绪统称为负性情绪，有时又称为负面情绪，人们之所以这样称呼这些情绪，是因为此类情绪的体验是不积极的，身体也会有不适感，甚至影响工作和生活的顺利进行，进而有可能引起身心的伤害。

现在，全球范围内出现心理问题的人越来越多，而且呈现出低龄化趋势。根据 2000 年的调查显示：该年患有抑郁症的人数是 1960 年的 10 倍，而且患病人群的最低年龄已经由从前的 25 岁降低到了 14 岁。

最近医学发现，负性情绪极易形成"癌症性格"，"癌症性格"的具体表现包括：性格内向，表面上逆来顺受、毫无怨言，内心却怨气冲天、痛苦挣扎，有精神创伤史；情绪抑郁，好生闷气，但不爱宣泄；生活中一件极小的事便可使其焦虑不安，心情总处于紧张状态。这些负性情绪则可损害人的免疫系统，诱发癌症。

在 2005 年的一项调查中显示：80% 的哈佛学生，至少有过一次抑郁的经历，有 47% 的学生曾经达到过崩溃的边缘，有 94% 的学生都会感到压力大甚至是喘不过气来。可见，具有负面情绪的人比例如此之大，我们要学会控制负面情绪，但我们也允许自己有负面情绪。

有位太太请了一个油漆匠到家里粉刷墙壁。油漆匠一走进门，看到她的丈夫双目失明顿时流露出怜悯的眼光，他觉得她的丈夫很可怜，因为他看不到阳光、花草和人们。

可是男主人一向开朗乐观，所以油漆匠在那里工作的那几天，他们谈得很投机，油漆匠也从未提起男主人的缺憾，虽然他也很想知道男主人为什么这么开心。

工作完毕，油漆匠取出账单，那位太太发现比原先谈妥的价钱打了一个很大的折扣。她问油漆匠："怎么少算这么多呢？"油漆匠回答说："我跟你先生在一起觉得很快乐，他的开朗、他的乐观，使我觉得自己的境况还不算最坏。所以减去的那一部分，算是我的一点谢意，因为他使我不会把工作看得太苦！"

其实这个油漆匠，只有一只手。

我们无法选择将要发生的事情，情绪的到来也没有任何信号。尤其是负面情绪，我们无法阻止负面情绪的产生，但我们可以掌握自己的态度，调节情绪来适应一切环境，生活中大多数的情况下，你完全可以选择你所要体验的情绪，关键在于自己对生活的态度选择。

在2000年美国就做了一项关于1967—2000年心理学文摘的调查，结果发现关于负面心理与关于正面心理研究的论文数目比例相差得太远太远。这项调查中的结果显示：关于愤怒的研究文章有5584篇，关于沮丧的有41416篇，关于抑郁的有54040篇；而关于喜悦的研究文章只有515篇，关于快乐的有2000篇，关于生活满意的有2300篇。结果可以得到一个结论：那就是正面心理与负面心理的比例达到了 1：21，这是一个多么令人吃惊的数字！

总之，所有的负面情绪都是我们的绊脚石，我们必须认识它，重视它，超越它，让绊脚石变成我们前进的垫脚石。

好心态是心灵的良药

爱默生说："唯有具有最高尚的和最快乐的性格的人才会有感染周围人的快乐。"好情绪就是一种特效良药，它可以赶走忧伤、痛苦，最重要的是好情绪就是把握现在的快乐。

从前，一个富人和一个穷人谈论什么是快乐。穷人说："快乐就是现在。"富人望着穷人的茅舍、破旧的衣着，轻蔑地说："这怎么能叫快乐呢？我的快乐可是百间豪宅、千名奴仆啊。"有一天，一场大火把富人的百间豪宅烧得片瓦不留，奴仆们各奔东西。一夜之间，富人沦为乞丐。

七月炎热，汗流浃背的乞丐路过穷人的茅舍，想讨口水喝。穷人端来一大碗清凉的水，问他："你现在认为什么是快乐？"乞丐眼巴巴地说："快乐就是此时你手中的这碗水。"

是的，好心态就是把握现在，这才是解除痛苦的特效良药。大卫·葛雷森说："我相信，现在未能把握的生命是没有把握的；现在未能享受的生命是无法享受的；而现在未能明智地度过的生命是难以过得明智的。因为过去的已去，而无人得知未来。"

莎士比亚说："在时间的大钟上，只有两个字——现在。"如果你是为往事而悔恨，为未来的事情而担忧，那你就是生活在乌托邦之中。这是人的一生中最有害的两种情绪，它不但不会帮你改变过去与未来，还会使你陷入惰性与悲观的泥潭，并会令你失去最宝贵的现在！决定一个人心情的，不在于环境，而在于心境。

一位知名学者是单身汉的时候，和几个朋友一起住在一间只有七八平方米的小屋里。但是，他一天到晚总是乐呵呵的。

有人问他："那么多人挤在一起，连转个身都困难，有什么可乐的？"学者说："朋友们在一块儿，随时都可以交换思想、交流感情，这难道不是很值得高兴的事吗？"

过了一段时间，朋友们一个个成家了。屋子里只剩下了学者一个人，但是他每天仍然很快活。那人又问："你一个人孤孤单单的，有什么好高兴的？"他说："我有很多书啊！"

几年后，学者也成了家，搬进了一座大楼里。他在一楼，不安静、不安全、也不卫生。有人问他："你住这样的房间，也感到高兴吗？""是啊，我进门就是家，不用爬很高的楼梯；搬东西方便，不必费很大的劲儿；特别让我满意的是，可以在空地上养一丛一丛的花，种一畦一畦的菜，这些乐趣，数之不尽啊！"

过了一年，学者把一楼的房间让给了一位朋友，这位朋友家有一个偏瘫的老人。他搬到了楼房的最高层——第七层，可是他每天仍是快快活活的。有人又问："先生，住七楼也有许多好处吧！"学者说："是啊，每天上下几次，这是很好的锻炼机会，有利于身体健康；光线好，看书写文章不伤眼睛。"

有人看他每天都高高兴兴的，就又他问："你一直都有一个好心情，那么这个好心情的秘诀是什么呢？"学者说："其实很简单，决定一个人心情的，不在于环境，而在于心境。好心情就像特效良药一样，让你药到病除。"

其实，人之所以有坏情绪，是因为他们不知道怎么获得一份好心情。每个人都会有磨难与挫折，会遇到这样那样的不如意，面对生命中的这些难题，我们应该如何进行心理调适，走出阴霾呢？以下6种方法，我们不妨一试。

★沉着冷静，不慌不怒

从客观、主观、目标、环境、条件等方面，找出受挫的原因，采取有效的补救措施。

★自我宽慰，乐观自信

能容忍挫折，心怀坦荡，情绪乐观，发奋图强，满怀信心去争取成功。

★鼓足勇气，再接再厉

要勇往直前，加倍努力，要认识到正是因为生命中的种种不顺利才使我们变得聪明和成熟。

★情绪转移，寻求升华

可以通过自己喜爱的集邮、写作、书法、美术、音乐、舞蹈、体育锻炼等方式，使情绪得以调适，情感得以升华。

★学会宣泄，摆脱压力

找一两个亲近的人、理解你的人，把心里的话全部倾吐出来，摆脱压抑状态，放松身心。

★学会幽默，自我解嘲

幽默和自嘲是宣泄积郁、平衡心态、制造快乐的良方。我们不妨采用阿Q的精神胜利法或幽默的方法来调整心态。

人需要保持知足常乐的人生态度。这样才会有一份好的心情。这种知足不是不上进，而是一种从虚荣、狭隘、担忧和焦虑中解脱出来的喜悦。有些人总是哀叹自己没有得到这样，没有得到那样，自己的条件如何差劲，他们总是哀叹自己的命运如何坎坷，但他们不知道，还有很多人远远不如他们，他们实在没有必要自寻烦恼。坏情绪都是自己造成的，人生就是好与坏的综合体，如果我们再不好好珍惜获得的好心情，那么我们的一生将与痛苦相伴。

人生在世，不可能事事得意，事事顺心。面对挫折能够虚怀若谷，大智若愚，保持一种恬淡平和的心境，这是人生的智慧。正如哲人所言："一种美好的心情，比十服良药更能解除生理上的疲惫和痛楚。"

为情绪找一个出口

情绪的宣泄是平衡心理、保持和增进心理健康的重要方法。当不良情绪来临时，我们不应一味控制与压抑，而应该用一种恰当的方式，给汹涌的情绪一个适当的出口，让它从我们的身上流走。

在我们的生活中，可能会产生各种各样的情绪，情绪上的矛盾如果长期压在心中，就会影响大脑的功能或引起身心疾病。因而，我们要及时排解。很多时候，只要把困扰我们的问题说出来，心情就会感到舒畅。我国古代，有许多人在他们遭到不幸时，常常有感赋诗，这实际上也是使情绪得到正常宣泄的一种方式。

有人经过研究认为，在愤怒的情绪状态下，伴有血压升高，这是正常的生理反应。如果怒气能适当地宣泄，紧张情绪就可以获得松弛，升高的血压也会降下来；如果怒气受到压抑，长期得不到发泄，那么紧张情绪得不到平定，血压也降不下来，持续过久，就有可能导致高血压。

尽管自控是控制情绪的最佳方式，但在实际生活中，始终以积极、乐观的心态去面对不顺心的外部刺激，是非常难做到的。所以，人们在控制情绪时常常综合应用忍耐和自控的方法，而且，为了顾忌全局，暂时忍耐的方法用得更多。所以，尽管在面对不愉快时会努力做到自控，但并非能做到真正的洒脱，还需要依靠个人的忍耐力。然而，每个人的忍耐力都是有极限的，当情绪上的烦躁、内心的痛苦累积到一定程度，最终会非理性地爆发出来。所以，在实际生活中，不能一味地操之在我，还要懂得适当地宣泄，为自己的坏情绪找一个"出口"，将内心的痛苦有意识地释放出来，而非不可控地爆发。

这天晚上，汉斯教授正准备睡觉，突然电话铃响了，汉斯教授接起了电话，是一个陌生妇女打来的电话，对方的第一句话就是："我恨透他了！""他是谁？"汉斯教授感到莫名其妙。"他是我的丈夫！"汉斯教授想，哦，打错电话了，就礼貌地告诉她："对不起，您打错了。"可是，这个妇女好像没听见，如竹桶倒豆子一般说个不停："我一天到晚照顾两个小孩，他还以为我在家里享福！有时候我想出去散散心，他也不让，可他自己天天晚上出去，说是有应酬，谁知道他干吗去了！……"

尽管汉斯教授一再打断她的话，告诉她他不认识她，但她还是坚持把话说完了。最后，她喘了一口气，对汉斯教授说："对不起，我知道您不认识我，但是这些话在我心里憋了太长时间了，再不说出来我就要崩溃了。谢谢您能听我说这么多话。"原来汉斯教授充当了一个听众。但是他转念一想，如果能挽救一个濒临精神崩溃的人，也算是做了一件好事。

情绪应该宣泄，但宣泄应该合理。当有怒气的时候，不要把怒气压在心里，生闷气；不要把怒气发泄在别人身上，迁怒于人，找替罪羊；更不要把怒气发泄在自己身上，如自己打自己耳光、自己咒骂自己，甚至选择自杀的方法当作自我惩罚；不要大叫、大闹、摔东西，以很强烈的方式把怒气发泄出去。因为上述所有做法不但于事无补，反而会使问题进一步恶化，给自己带来更大的伤害。

对于情绪的宣泄，可采用如下几种方法：

★直接对刺激源发怒

如果发怒有利于澄清问题，具有积极性、有益性和合理性，就要当怒而怒。这不但可以释放自己的情绪，而且是一个人坚持原则、提倡正义的集中体现。

★借助他物出气

把心中的悲痛、忧伤、郁闷、遗憾痛快淋漓地发泄出来，这不但能够充分地释放情绪，而且可以避免误解和冲突。

★学会倾诉

当遇到不愉快的事时，不要自己生闷气，把不良情绪压抑在心底，而应当学会倾诉。

★高歌释放压力

音乐对治疗心理疾病具有特殊的作用，而音乐疗法主要是通过听不同的乐曲把人们从不同的不良情绪中解脱出来。除了听以外，自己唱也能起同样的作用。尤其高声歌唱，是排除紧张、激动情绪的有效手段。

★以静制动

当人的心情不好，产生不良情绪体验时，内心都十分激动、烦躁、坐立不安，此时，可默默地侍弄花草，体会鸟语花香，或挥毫书画，垂钓河边……这种看似与排除不良情绪无关的行为恰是一种以静制动的独特的宣泄方式，它是以清静雅致的态度平息心头怒气，从而排除沉重的压抑。

★哭泣

哭泣可以释放人心中的压力，往往当一个人哭过之后，发现心情会舒畅很多。

当然，宣泄也应采取适当的正确方式，一些诸如借助他人出气、将工作中的不顺心带回家中、让自己的不得意牵连朋友等做法是不可取的，这于己于人都是不利的。与其把满腔怒火闷在心中，伤了自己，不如找个合适的宣泄口，让自己更快乐一些。

生活在大千世界中的人，在性格、爱好、职业、习惯等诸多方面存在着很大的差异，对事物、问题的认识与理解也不尽相同。因此，我们不能要求他人与自己一样，不能以自己的标准和经验来衡量他人的所作所为，要承认他人与自己的差别，并能容忍这种差别。不要企图去改变别人，这样做是徒劳的。

人不能没有脾气，尽管你是有涵养的人，也不免有时要发一下脾气。遇事不如意，看人不顺眼，因而生气几乎成为这个社会中屡见不鲜的事了。不过，即使屡见不鲜，并非无碍，也不一定是好事。发脾气之所以成为问题，乃在于自己所说的话太刻薄，所做的事太过分，不但会刺伤人家的心，使自己后悔莫及，而且还会把事情弄砸了，把人际关系也弄僵了，这就是发脾气的恶劣后果。

所以，我们一定要记住：当你想要发脾气的时候就要给自己的情绪找一个适当的宣泄口。

有效应对各类负面情绪

停止你的牢骚

密歇根大学社会研究院的研究员发现，凡在公司中有对工作发牢骚的人，那家公司或老板一定比没有这种人或有这种人而把牢骚埋在肚子里的公司成功得多。这就是所谓的"牢骚效应"。

哈佛大学心理学系的梅约教授组织过一个谈话试验。专家们找工人个别谈话，而且规定在谈话过程中，专家要耐心倾听工人们对厂方的各种意见和不满，并作详细记录。

结果他们发现：这两年以来，工厂的产量大幅度提高了。经过研究，他们给出了原因：在这家工厂，长期以来工人对它的各个方面就有诸多不满，但无处发泄。谈话试验使他们的这些不满都发泄出来了，从而感到心情舒畅，所以工作干劲高涨。

★沉默比牢骚更有建设性

对于那些热爱抱怨的人来说，沉默是一件痛苦的事情。但是，沉默却能把他们从抱怨情绪中解救出来。如果你什么都不说，大家也许还会赞美你稳重，但如果你说个不停，不但不会表现出你所期望的睿智，反而会令人感觉到浮躁。倘若你滔滔不绝了很久，表达的内容却无非是抱怨和牢骚，那就更不够明智了。

所以，在思想上给自己装一个过滤器，当你想要抱怨时，请让自己沉默几分钟，让你的话语先穿越抱怨的过滤器。沉默能让你自省反思、谨慎措辞，让你说出你希望能传送创造性能量的言论，而不是任由不安驱使你发出又臭又长的牢骚。

法国有句谚语，雄辩如银，沉默是金。在现实生活中，有时候沉默确实胜于雄辩，当然更胜过那些毫无价值的抱怨的话语。

沉默往往比抱怨更有建设性。抱怨是一种习惯，如果你不想把抱怨的话说出口，那么就请沉默，让自己暂停一下，调整一下呼吸，就能给自己一个机会，在说话时更加小心地选择词语，也更加仔细地斟酌自己将要表达的观点是否合适。说话之前，不如深呼吸，而不要穷抱怨。

★价值不需要用牢骚来证明

不要去嫉妒别人的命有多好，也不要抱怨自己的价值没有被人发现。如果你本身是一颗珍珠，纵使被禁锢在坚硬的贝壳之中，也迟早会被人发现；但假如你只是一粒沙子，即使在阳光照射下的海滩上，也会永远被游客踩在脚底。

约翰从斯坦福大学毕业之后进入了一家规模很小的财会公司，每天，他像所有新入职的年轻人一样从事着简单的工作。

一天，约翰终于忍不住心中的愤懑前去质问上帝："命运为什么对我如此不公平？"上帝沉默不语，只是不动声色地从地上捡起一颗小石子扔进了乱石堆里。上帝对约翰说："请你利用你的才能和智慧，将我刚才扔掉的石子找回来吧！"

约翰翻遍了乱石堆，却无功而返，他不满地说："您还没有回答我的问题呢！"这一次，上帝皱了皱眉头，他走到约翰身边，摘下了约翰手上的戒指，再一次扔进了乱石堆。约翰既吃惊又生气，他没等上帝说话便迅速地跑到石堆旁，这一次，他很快便找到了那枚金光闪闪的戒指。

上帝却说："你是那颗石子还是这枚戒指呢？"看着面带微笑的上帝，约翰恍然大悟：当自己还只是一颗石子，而不是一块金光闪闪的金子时，就永远不要抱怨命运对自己不公平。

当我们抱怨现实对自己不公时，先问一下自己到底是石头还是金子。价值从来不需要用牢骚来证明，一个人唯有先征服自己，才有能力征服他人，让别人信任自己。

有位作家曾经说过："自己把自己说服了，是一种理智的胜利；自己被自己感动了，是一种心灵的升华；自己把自己征服了，是一种人生的成熟。大凡说服了、感动了、征服了自己的人，就有力量征服一切挫折、痛苦和不幸。"所以，当你想要向世界证明自己的能力时，请先让自己相信，你是一个真正有实力的人，而不是一个"抱怨鬼"。

控制冲动这个"魔鬼"

在种种消极情绪中，冲动无疑是破坏力最强的情绪之一，它是低情商的表现，每个人在生活中都会遇到不合自己心意的事，这时候如果不保持冷静，不克制自己的冲动行为，就会为此付出代价。一个聪明的人，不会让坏情绪控制自己，而是应该自己去控制坏情绪，成为情绪的主宰者。

生活中有许多人，往往控制不住自己的情绪，任性妄为，结果引火烧身，给自己和朋友带来不必要的麻烦。所以，你要学会控制自己的冲动。学会审时度势，千万不能放纵自己。每个人都有冲动的时候，尽管冲动是一种很难控制的情绪。但不管怎样，你一定要牢牢控制住它。否则一点细小的疏忽，可能贻害无穷。

据说："冲动就像地雷，碰到任何东西都一同毁灭。"如果你不注意培养自己冷静平和的性情，一旦碰到不如意事就暴跳如雷，情绪失控，就会让自己陷入自我戕害的囹圄之中。

一个孩子总是无法控制自己的情绪。一天，他父亲给了他一大包钉子，让他每发一次脾气就用铁锤在他家后院的栅栏上钉一颗钉子。第一天，小男孩共在栅栏上钉了 37 颗钉子。

过了几个星期，小男孩渐渐学会了控制自己的情绪，栅栏上钉子的数量开始逐渐减少。

渐渐地，他发现控制自己的坏脾气比往栅栏上钉钉子要容易多了。

最后，小男孩发脾气的频率越来越低，栅栏上钉的钉子也越来越少。

他把自己的转变告诉了父亲。他父亲又建议他说："如果你能坚持一整天不发脾气，就从栅栏上拔下一颗钉子。"经过一段时间，小男孩终于把栅栏上所有的钉子都拔掉了。

父亲拉着他的手来到栅栏边，对小男孩说："儿子，你做得很好。但是，你看一看那些钉子在栅栏上留下的小孔，栅栏再也回不到原来的样子了。当你出于一时冲动，向别人发过脾气之后，你的言语就像这些钉孔一样，会在别人的心里留下疤痕。"

在现实生活中，有人只顾逞一时的口舌之快，很多话不经思考便脱口而出，有意无意地就会对他人造成伤害。伤害一旦造成，再多的弥补往往也无济于事。

所以，作为情绪的主人，我们应该培养自我心理调节能力，这是一种理性的自我完善。这种心理调节能力，在实际行为上则会显示出强烈的意志力和自制力。它使人以平和的心态来面对人生中的起起落落，保持与他人交往时的淡定从容。

有一个发生在美国阿拉斯加的故事。有一对年轻的夫妇，妻子因为难产死去了，孩子活了下来。丈夫一个人既要工作又要照顾孩子，有些忙不过来，可是找不到合适的保姆照看孩子，于是他训练了一只狗，那只狗既听话又聪明，可以帮他照看孩子。

有一天，丈夫要外出，像往日一样让狗照看孩子。他去了离家很远的地方，所以当晚没有赶回家。第二天一大早他急忙往家里赶，狗听到主人的声音摇着尾巴出来迎接。他发现狗满口是血，打开房门一看，屋里也到处是血，孩子居然不在床上……他全身的血一下子都涌到头上，心想一定是狗的兽性大发，把孩子吃掉了，盛怒之下，拿起刀来把狗杀死了。

就在他悲愤交加的时候，突然听到孩子的声音，只见孩子从床下爬了出来，丈夫感到很奇怪。他再仔细看了看狗的尸体，这才发现狗后腿上有一大块肉没有了，而屋门的后面还有一只狼的尸体。原来是狗救了小主人，却被主人误杀了。

丈夫在一刀杀狗带来的痛快之后，很快就尝到了痛苦的滋味。他痛失爱犬，而所有的结局全由那冲动的一刀所致，这不能不说是件很遗憾的事。所以在遇到一些情况时，我们需要的是冷静，而非冲动。

大多数成功者都是能够对情绪收放自如的人。这时，情绪已经不仅仅是一种感情的表达，更是一种重要的生存智慧。如果不注意控制自己的情绪，随心所欲，就可能带来毁灭性的灾难。情绪控制得好，则可以帮你化险为夷。

所以，我们要学会控制自己的情绪，不能放纵自己。

人们形容某些幼稚的行为举动，常会用"冲动"来说明。也有些不负责任的人，在做了错事之后不敢承担责任，用"一时冲动"来替自己辩解。人要想在竞争激烈的环境中有所作为，必须学会克制住冲动，否则事情一发不可收拾，后果也许令我们难以承受。

★用理智战胜冲动

理智者遇上不顺心之事，一般都能三思而后行。除了那些丧失理智和法律意识淡薄之人外，正常人都有一时激愤或消沉的时候，这是个危险时段，很多不正确的判断常常是在这不冷静的时刻作出的。判断失误必然导致行为欠妥，如果人们能在最短的时间内让头脑降温，就会迅速熄灭危险的导火线。

★提高文化素养

能否理智行事与文化程度的高低成正比。这点和深圳法院的调查报告完全吻合："冲动杀人的罪犯最多仅有初中以下文化程度，文化程度低下，缺乏自控能力是逞一时之快杀人的重要原因。"众所周知，法律对一些欲铤而走险的人能起警示作用，可是，如果文化程度低下，加之法律意识淡薄，"无知无畏"，那就极其容易走向犯罪的深渊。

★用外人的眼光看问题

"当局者迷，旁观者清"，这话不无道理。在日常生活中，我们每个人都曾做过局外人观看过别人吵架，这时候，无论是哪一方的言行，其失当和偏颇之处你大多能觉察。因此，如果人们能以局外人的头脑，观察自己，则善莫大焉。

"冲动是魔鬼"，我们应该时刻谨记这句话，并在我们情绪失控的时候以此来加以制止。任何事情都应该三思而后行，一时的冲动只能让结果变得更坏。

提防抑郁这个情绪的头号杀手

抑郁就好像透过一层黑色玻璃看一切事物。无论是考虑你自己，还是考虑他人或未来，任何事物看来都处于同样的阴郁而暗淡的光线之下。"没有一件事做对""我彻底完蛋了""我无能为力，因此也不值一试""朋友们给我来电话仅仅是出于一种责任感"。当你工作中出了一点毛病，或思想开了小差，你就认为"我已经失去了干好工作的能力"，好像你的能力已经一去不回了。

有一名中年男子在他患抑郁症期间说了一段撼人心扉的话："现在我成了世界上最可怜的人。如果我个人的感受能平均分配到世界上每个家庭中，那么，这个世上将不再会有一张笑脸，我不知道自己能否好起来，我现在这样真是很无奈。对我来说，或者死去，或者好起来，别无他路。"

这名中午男子就是亚伯拉罕·林肯，作为美国第 16 任总统，林肯也未能幸免于抑郁症的折磨并且这种绝望困扰了他一生。即使林肯能够预见自己的未来，知道自己会成为最受世人景仰的总统之一，但这丝毫不能减少他的抑郁。

一位哲人曾说道："如果我们感到可怜，很可能会一直感到可怜。"对于日常生活中使我们不快乐的那些众多琐事与环境，我们可以由思考使我们感到快乐，这就是：大部分时间想着光明的目标与未来。而对小烦恼、小挫折，我们也很可能习惯性地反映出暴躁、不满、懊悔与不安，因为这样的反应我们已经"练习"了很久，所以成了一种习惯。

这种不快乐反应的产生，大部分是由于我们把它解释为"对自尊的打击"等这类原因。司机没有必要冲着我们按喇叭；我们讲话时某位人士没注意听甚至插嘴打断我们；认为某人愿意帮助我们而事实却不然；甚至个人对于事情的解释，结果也会伤了我们的自尊；我们要搭的公共汽车竟然迟开；我们计划要郊游，结果下起雨来；我们急着赶搭飞机，结果交通阻塞……这样我们的反应是生气、懊悔、自怜，或换句话说——闷闷不乐。

有一个商人去医院看病，却说不清自己有什么不妥。于是医生给他做了彻底的检查，结果找不到这个商人有任何疾病，于是这个人在医生处做进一步检查。经过一段轻松的谈话后，医生就对他说："我有一个好消息要告诉你，你的体格检验完全正常，我不用在你的病历卡上写任何东西。"

商人听了并不显得高兴，他说："医生，我从早晨起床到晚上睡觉，没有一刻不觉得疲倦的。"这时，医生才意识到他的病人患的是"厌烦病"，而不是一般的身体不适。于是医生就开始指出这个商人所拥有的一切：兴隆的生意、舒适的家庭、漂亮的妻子、可爱的孩子和其他能用金钱买到的许多东西。但这个商人听了以后却说："让别人把这些东西都拿去吧，我对这些简直厌透了。"

为什么会出现这种现象？患这种病的人大多不是生活一帆风顺的人吗？难道他们不是处于别人不能奢望的顺境之中吗？这和我们

的心理习惯有关。这个世界上，可以说除了圣人之外，没有人能随时感到快乐。

抑郁是人们常见的情绪困扰，是一种感到无力应付外界压力而产生的消极情绪，常常伴有厌恶、痛苦、羞愧、自卑等心理。严重时会导致抑郁症，使人无法过正常的生活。

因此，面对抑郁心理，心理专家建议：多与朋友联系，在交往中体会友谊的美好；平时培养多种兴趣爱好，可以参加一些体育运动或者是听听自己喜欢的音乐；工作压力过大时，适当地给自己减压，多出去散散步、晒晒太阳。这些都有利于消除抑郁心理。

美国学者卡托尔认为，不同的人会有不同的抑郁状态，但是只要遵照以下 14 项办法，抑郁的症状便会很快消失。

★必须遵守生活秩序。与人约会要准时到达，饮食休闲要按部就班，从稳定规律的生活中领会自身的情趣。

★留意自己的外观。身体要保持清洁卫生，不穿邋遢的衣服，房间院落也要随时打扫干净。

★即使在抑郁状态下，也绝不放弃自己的学习和工作。

★对人对事要宽宏大度，并要随时调节自我。

★主动吸收新知识，"活到老学到老"。

★建立冒险意识，学会主动接受挑战，并相信自己能成功。

★即使是小事，也要采取合乎情理的行动；即使你心情烦闷，仍要注意自己的言行，让自己合乎生活情理。

★对待他人的态度要因人而异。具有抑郁心情的人，对外界每个人的反应、态度几乎相同，这是不对的。如果你也有这种倾向，应尽快纠正。

★拓宽自己的情趣范围。

★不要将自己与他人比较。如果你时常把自己与他人做比较，表示你已经有了潜在的抑郁，应尽快克服。

★最好将日常生活中美好的事记录下来。

★不要掩饰自己的失败。

★必须尝试以前没有做过的事，要积极地开辟新的生活园地，使生活更充实。

★与精力旺盛又充满希望的人交往。

抑郁症是极为常见的心理疾病，号称"第一心理杀手"。抑郁症患者有痛苦的内心体验，是"世界上最消极悲伤的人"。你有抑郁症倾向吗？请做下面的测试，只需作出"是"或"否"的回答。

1. 你对任何事物都不感兴趣。

2. 你容易哭泣。

3. 你觉得自己是一个失败者，一事无成。

4. 你常常生气，而且容易激动。

5. 你不想吃东西，没有食欲，感觉不出任何味道。

6. 即使家人和朋友帮助你，你仍然无法摆脱心中的苦恼。

7. 你感到精力不能集中。

8. 即使对亲近的人你也懒得说话。

9. 你常无缘无故地感到疲乏。

10. 你觉得无法继续你的日常学习与工作。

11. 你常因一些小事而烦恼。

12. 你感到自己的精力下降，活动减慢。

13. 你感到受骗，中了圈套或有人想抓住你。

14. 你感到做任何事情都很困难。

15. 你感到情绪低落、压抑。

16. 你感到活着还不如死了好。

17. 你感到很孤独。

18. 你感到前途没有希望。

19. 你常感到害怕。

20. 你缺乏自信，总觉得自己什么都不好。

21. 你觉得自己的话语越来越少。

22. 在清晨和上午常觉得心情极差。

23. 没有心思看电视、报纸、课外读物，干什么都高兴不起来。

24. 你经常责怪自己。

25. 你感到很苦闷。

26. 你晚上睡眠不好，常常失眠或很早就醒来。

27. 你经常没有理由地失去理智。

28. 你觉得人们对你不太友好。

29. 你认为如果你死了别人会生活得好些。

30. 你感到自己没有什么价值。

评分标准：

回答"是"计1分，回答"否"计0分，然后计算总分。

测试结果：

0 ~ 4分：你的心理基本正常，没有抑郁症状。

5 ~ 10分：你有轻微的抑郁症状，可采取自我心理调节，保持乐观、开朗的心境。

11 ~ 20分：你属于中度的抑郁，要找心理医生咨询，并进行必要的诊疗。

21 ~ 30分：你的精神明显抑郁，症状非常严重，你应该请心理医生为你治疗，同时应进行精神上的自我训练，让自己及早从消极、压抑的情绪中解脱出来。

别人不会为你的坏脾气买单

愤怒是一种常见的消极情绪，它是当人对客观现实的某些方面不满，或者个人的意愿一再受到阻碍时产生的一种身心紧张的状态。在人的需要得不到满足，遭到失败，遇到不平，个人自由受限制，言论遭人反对，无端受人侮辱，隐私被人揭穿，上当受骗等多种情形下人都会产生愤怒情绪。愤怒的程度会因诱发原因和个人气质不同而有不满、生气、愤怒、恼怒、大怒、暴怒等不同层次。发怒是一种短暂的情绪紧张状态，往往像暴风骤雨一样来得猛，去得快，但在短时间里会有较强的紧张情绪和行为反应。

一般而言，生气的原因可归类为下列几种：

★当你因某种因素感到受挫、受胁迫或被他人轻蔑时。

★当我们着实受到严重伤害，但为了掩饰自己的脆弱，于是代之以愤怒，以求自卫。

★当某种情境或某人的行为勾起我们昔日某种不堪的回忆时。

★当我们觉得自己的权利受到剥夺，或遭到某人误解时。

★当我们受到惊吓或处事不当时，自己生自己的气。

莎士比亚说："不要因为你的敌人燃起一把火，你就把自己烧死。当你发怒的时候，怒火也许会烧及他人；但一般情况下，它是向内烧——烧的是发怒者个人的身心健康。"

看过著名影片《勇敢的心》的人们一定记得片中的一段关于英格兰国王临终前的景象：由苏菲·玛索饰演的王妃因求情也未能救下华莱士，而对老国王心怀恼恨，在国王不能行动也不能说话之际，王妃靠在他的身边，轻轻地说了一句话，就将老国王置于死地。那么王妃说的是什么呢？她只是平静地报复他，说了她怀的孩子是华莱士的，而非国王的。国王的一命呜呼正是由于其愤怒的情绪所致。

人们时刻都要管理好自己的情绪，尤其在人生的一些关键时刻。在每次要发脾气前，先冷静问问自己：别人不会为我的坏脾气"买单"，我自己可以吗？如果你自己也不想这么做，那么还是收起你的怒气吧。当我们生气的时候要冷静下来确实有点难度，但如果不控制怒气，只会损失过多。

1943年，"二战"著名将领巴顿在去战后医院探访时，发现一名士兵蹲在帐篷附近的一个箱子上。巴顿问他为什么住院，他回答说："我觉得受不了了。"医生解释说他得了"急躁型中度精神病"，这是第三次住院了。

巴顿听罢大怒，他痛骂了那个士兵，用手套打士兵的脸，并大吼道："我绝不允许这样的胆小鬼躲藏在这里，你的行为已经损坏了我们的声誉！"

第二次来，巴顿又见一名未受伤的士兵住在医院里，顿时变脸，问："什么病？"士兵哆嗦着答道："我有精神病，能听到炮弹飞过，但听不到它爆炸（炸弹休克症）。"巴顿勃然大怒，骂道："你个胆小鬼！"接着打他耳光："你是集团军的耻辱，你要马上回去参加战斗，但这太便宜你了，你应该被枪毙。"说着抽出手枪在他眼前晃动……

很快，巴顿的行为传到艾森豪威尔耳中，他说："看来巴顿的前途已经达到顶峰了……"

狂躁易怒的性格，使本来很有前途的巴顿无法再进一步，面对有心理障碍的士兵，不但不认真了解情况，加以鼓励，而是大打出手，完全失去了一个指挥官应有的风度修养，破坏了自己在人们心目中的形象，因此失去了攀上顶峰的机会。

愤怒容易让人失去理智。愤怒的人把一点小事看得像天一样大，过于认真让他们夸大了自身受到的伤害。他们以为愤怒可以让自己在别人眼中更具有权威，其实不是这样的。他们不仅不会因为愤怒而被认为拥有权力，反而会被认为缺乏理智，难成大气候。怒气会让你失去别人对你的敬意，人们会认为你缺乏自制力而更加轻视你。

学会制怒是让自己心态平和最关键的一步，只有情商较低的人才会不懂控制怒火，成为被怒气伤害的对象。对于怒火要学会自我疏导，而非一味克己忍让，只有让它用一个合适的渠道发泄出来才不至伤人伤己。情商的高低与人们对自我情绪的管理能力有莫大的关系，它将决定一个人成就的大小。

具体而言，我们可以采取以下方法来控制自己的愤怒：

★正面行动

愤怒提醒了我们，世事并非都如人所愿。不满是一件极富正面意义的事，少了它，人们就只会接受现状，而不会为了迈向自己的目标，采取任何行动。英国妇女如果未曾因自己被掠夺公权而感到愤怒，那么她们也就不会为了投票权而抗争了。

★缓解压力

表达愤怒可以疏解压力，否则压抑的情绪可能会导致焦虑，甚至疾病，这些症状均可借由愤怒的宣泄得到疏解。然而这并不意味着，我们必须将愤怒直接发泄在生气的对象身上。

★更为开诚布公

愤怒可以使得双方关系更开诚布公，进而互相信赖。如果你知道某人愿意和你谈谈最为棘手的核心问题，而非只是将其含糊带过，假装好像不存在似的，那么双方的关系就有改善的希望。

★情感疏通

倘若我们在情绪产生时，能够确实触及自己真正的感受（包括愤怒在内），并加以适当处理，那么我们则较没机会将那些未表达或封闭的情绪囤积起来，可以避免巨大的内在压力或严重的沟通不良。

★实现目标

不容忽略的是，存在愤怒情绪中的能量，同样是一股实现目标的动力。如果运用得当，它将能够帮助我们成为一个有自信、坚定的人，能够适当地表达自己的内在感受，并且得到自己生命中梦寐以求的事物。但请务必谨慎处理。

"愤怒，是一种毒药！"我们不能让自己的情绪只停留在问题的表面，我们必须学习"转念""少点怨，多点包容""多洒香水、少吐苦水"，让负面的思绪远离，而用乐观的正面思绪来迎接人生。

远离仇恨的烈火

仇恨是人性的劣根，它隐藏在人性的深处，一旦触及便会迅速地膨胀，控制人的思想。根除它的关键是不要记仇，忘记它，如果可能则最好远离它。每个人心中都或多或少地埋有仇恨的火种，而我们所能做的，就是用人性美好的甘泉去浇灭那些忽闪忽隐的火星，切不能助长仇恨的地狱之火，并将自己无情焚毁。抛却心中的仇恨，我们才能享受心中的安详、静谧、和谐、从容……

古希腊神话中，有一位英雄叫海格力斯。一天他走在坎坷的山路上，发现脚边有个袋子似的东西很碍脚，海格力斯踩了那东西一脚，谁知那东西不但没被踩破，反而膨胀起来，并加倍地扩大着。

刚开始的时候，海格力斯并没有在意，于是他又踩了一下，谁知那个袋子又膨胀了起来。一来二去，海格力斯开始恼羞成怒了。海格力斯不停地踩，那个袋子不断地膨胀。

于是海格力斯操起一条碗口粗的木棒砸它，那东西竟然胀大到把路堵死了。

这时，山中走出一位老者，对海格力斯说："朋友，快别动它了，忘了它吧，离开它，远去吧！它叫仇恨袋，你不犯它，它便小如当初；你侵犯它，它就会膨胀起来，挡住你的路，与你敌对到底！"

于是海格力斯按着老者说的，不去想它，不去碰它，果然那个袋子越来越小，最后变没了。

人生在世，我们若长久地将仇恨带在身上，它便会如那个袋子一样，越来越大，堵住我们前进的脚步。仇恨有如烈火一般，伤人伤己。

一般充满仇恨的人都会有报复的心理。我们常常在自己的脑子里预设一些规定，认定别人应该有什么样的行为，如果对方违反规定就会引起我们的怨恨。

其实，因为别人对我们的规定置之不理就感到怨恨，是一件十分可笑的事。

大多数人都一直以为，只要我们不原谅对方，就可以让对方得到一些教训，也就是说：只要我不原谅你，你就没有好日子过。而实际上，不原谅别人，表面上是那人不好，其实真正倒霉的人是我们自己，生一肚子窝囊气不说，甚至可能连觉都睡不好，饭也吃不好，还可能气病了。

这样看来，报复不仅让我们不能实现对别人的打击，反倒对自己的内心是一种摧残。

报复是一把双刃剑，它不但会伤害到别人，还会使你自己落入仇恨的陷阱，仇恨会使你看不到人间的关爱与温暖，即使在夏日也只能感受到严冬般的寒冷。

既然我们都举目共望同样的星空，既然我们都是同一星球的旅伴，既然我们都生活在同一片蓝天下，那我们为什么还总是彼此为敌呢？请不要忘记世间唯有四个字可使你和他人的生活多姿多彩，那就是"放弃仇恨"。

哈佛教授常教育学生："生存不是为了仇恨，不要将仇恨作为生存的意义，放弃仇恨，生命会更加有意义。"

在美国东部的一个州，有一位年轻的警察叫杰布。在一次追捕行动中，杰布被歹徒用冲锋枪射中右眼和左腿膝盖。3个月后，从医院里出来时，他完全变了个样儿：一个曾经高大魁梧、双目炯炯有神的英俊小伙现已成了一个又跛又瞎的残疾人。

这时，有线电台记者采访了他，问他将如何面对现在遭受到的厄运。他说："我只知道歹徒现在还没有被抓获，我要亲手抓住他！"

从那以后，杰布不顾任何人的劝阻，参与了抓捕那个歹徒的无数次行动。他几乎跑遍了整个美国。10年后，那个歹徒终于被抓获了，当然，杰布起了非常关键的作用。在庆功会上，他再次成了英雄，许多媒体称赞他是全美最坚强、最勇敢的人。

不久，杰布却在卧室里割脉自杀了。在他的遗书中，人们读到了他自杀的原因："这些年来，让我活下去的信念就是抓住凶手……现在，伤害我的凶手被判刑了，我的仇恨被化解了，生存的信念也随之消失了。"

放弃仇恨就需要爱。爱能够带来更多的爱，这是我们已经知道的事实，那么仇恨会带来什么呢？每一种情绪中都蕴涵着相应的能量，情绪的发作自然会伴随着能量的释放，这是一条真理。每种思想从孕育到成型都会在你的人生中留下或深或浅的痕迹。爱能够让我们感受到生命的温暖，而仇恨只会带给我们无尽的痛苦。

爱生爱，恨也便会生恨。当愤怒、暴躁、指责等负面情绪影响了一个人的心情时，这些内在的破坏能量就逐渐啃噬人们的身体，导致身体的病痛。然而人的情绪是有传染性的，它不仅仅只影响你一个人，甚至会对你身边的其他人造成消极的暗示，以至于形成一个相互影响的恶性循环，而你却是其中被拴得最牢固、最难以摆脱的一个。

爱是生命对生命的呼唤，而恨是死亡与死亡的牵绊，恨把世界变成悲惨的地狱，而爱则让世界变成美丽的天堂。所以，对理应去仇恨的对象，你也不能采取以怨报怨的方式，那只会让矛盾升级。

人生总有存在的意义，如果我们只为一个报复的目的而生存，那么当这个目的实现后，生命也就失去了意义。放弃仇恨吧，用宽容的心去对待遭遇的一切，你的生命才会更加有意义，生活才会更加丰富与多彩。

克服嫉妒心理，超越自我

嫉妒是痛苦的制造者，是在各种心理问题中对人伤害十分严重的，可以称得上是心灵上的恶性肿瘤。如果一个人缺乏正确的竞争心理，只关注别人的成绩，嫉妒他人，同时内心产生极度的怨恨，时间一久心中的压抑聚集，就会形成问题心理，对健康也会造成极大伤害。

何谓嫉妒呢？心理学家认为，嫉妒是由于别人胜过自己而引起情绪的负体验，是心胸狭窄者的共同心理。黑格尔说："嫉妒乃是平庸对于卓越才能的反感。"

嫉妒不是天生的，而是后天获得的。嫉妒有三个心理活动阶段：嫉羡——嫉忧——嫉恨。这三个阶段都有嫉妒的成分，是从少到多递增的。嫉羡中以羡慕为主，嫉妒为辅；嫉忧中嫉妒的成分增多，已经到了怕别人威胁自己的地步了；嫉恨则是嫉妒之火已熊熊燃烧到了难以消除的地步。这把嫉恨之火，没有燃向别人，而是炙烤着自己的心，使自己没有片刻宁静，于是便绞尽脑汁去想方设法诋毁别人，使自己形神两亏。

波普曾经说过："对心胸卑鄙的人来说，他是嫉妒的奴隶；对有学问、有气质的人来说，嫉妒可化为上进心。"坚信别人的优秀并不妨碍自己的前进，相反，却给自己提供了一个竞争对手，一个榜样，能给你前所未有的动力。

莎士比亚说："像空气一样轻的小事，对于一个嫉妒的人，也会变成天书一样坚强的确证，也许这就可以引起一场是非。"

哈佛学者说："嫉妒心是赶走友谊的罪魁祸首，也是将自己带入痛苦深渊的魔鬼。"因为嫉妒心重的人常自寻烦恼。嫉妒心是幸运和幸福的敌人。对于别人的好，平静地看待，真诚地祝福，这才是拥有幸福人生的秘诀。

自在生活，愉快工作，要想使自己的生活充满阳光，必须走出嫉妒的泥潭，学会超越自我，克服嫉妒心理。

★自我宣泄

有时面对生活和事业上的巨大落差，或社会的种种不公正现象，人们都难免会出现一时的心理失衡和嫉妒。这时，要是实在无法化解，可以适当宣泄一下。

★正确评价他人的成绩

嫉妒心有时往往是由于误解所引起的，即人家取得了成就，便误以为是对自己的否定。其实，一个人的成功是付出了许多的艰辛和巨大的代价的，人们给予他赞美、荣誉，并没有损害你，也没有妨碍你去获取成功。

★提高心理健康水平

心胸宽广的人，做人做事光明磊落，而心胸狭窄的人，容易产生嫉妒。嫉妒心一经产生，就要立即把它打消，以免其作祟。这就要靠积极进取，使生活充实起来，以期取得成功。

★客观评价自己

嫉妒是一种突出自我的表现。无论发生什么事，首先考虑到的是自身的得失，因而引起一系列的不良后果。所以当嫉妒心理萌发时，或是有一定表现时，要能够积极主动地调整自己的意识和行动，从而控制自己的动机和感情。这就需要冷静地分析自己的想法和行为，同时客观地评价一下自己，找出差距和问题。当认清了自己后，再重新认识别人，自然也就能够有所觉悟了。

弗朗西斯·培根说过："犹如野火毁掉麦子一样，嫉妒这恶魔总是在暗地里，悄悄地毁掉人间美好的东西！"一些人之所以嫉妒别人，一个重要的原因是自己不求上进，又怕别人超过自己，似乎别人成功了就意味着自己失败，最好大家都成矮子才显出自己高大。面对自己的嫉妒心，我们要将它早早地摒除在自己的心灵之外，以积极的心态去面对别人的优点。

嫉妒，会使我们失去内在的双腿，走在人间路上，没有支柱，寸步难行。嫉妒，是弱者的名字。它使我们无法肯定自己的尊贵，同样也丧失了欣赏别人的能力。

哲学家亚里士多德在雅典吕克昂学院从事教学、研究、著述期间，曾常与学生们一道探讨人生的真谛。有一次，一位学生问他："先生，请告诉我，为什么心怀嫉妒的人总是心情沮丧呢？"亚里士多德回答："因为折磨他的不仅有他自身的挫折，还有别人的成功。"

可见，心怀嫉妒的人承受着双重折磨。所以，人生在世，一定要有一颗平和的心，切不可心怀嫉妒。人的嫉妒心像一把双刃剑，你举起它时，虽满足了伤害别人的目的，但也使得自己鲜血淋漓。

心理学家的观察研究证明，嫉妒心强烈的人易患心脏病，而且死亡率也高；而嫉妒心较少的人，心脏病的发病率和死亡率均明显低于前者，只有前者的 1/3~1/2。此外，如头痛、胃痛、高血压等，易发生于嫉妒心强的人身上，并且药物的治疗效果也较差。所以我们一定要放宽心胸，不要和别人、更别和自己过不去。

做下面的测试，看看你的嫉妒心是否强烈。

你正和朋友一起走在森林里，遇见了巫婆，被她的魔法变成了动物的样子。你被变成了狐狸，那么朋友会被变成什么动物呢？

A.松鼠　　　　　B.兔子　　　　　C.熊　　　　　D.鹿

选 A：你的嫉妒心较重，如果能发掘别人和自己的优点，嫉妒的强度也会自然地减弱；如果是自觉的嫉妒，其实是不要紧的；如果是不自觉的嫉妒，则会使你变得阴郁、可怕，所以要引起注意，调整自己的心理。

选 B：你会在不知不觉中嫉妒朋友，如为什么他的考试成绩都比我好之类的，不过一般说来，任何人都拥有这种程度的嫉妒心。

选 C：你是大大咧咧的人，所以你是不会嫉妒别人的。这是因为有自信，所以才不会嫉妒别人。

选 D：选比自己还大的动物的人是宽容的。你不会嫉妒对方，而是会和朋友一起共享喜悦。

甩掉忧虑的包袱

忧虑是一种过度忧愁和伤感的情绪体验。忧虑在情绪上表现出强烈而持久的悲伤，觉得心情压抑和苦闷，并伴随着焦虑、烦躁及易激怒等反应。在认识上表现出负性的自我评价，感到自己没有价值，生活没有意义，对未来充满悲观；还表现在对各种事物缺乏兴趣，依赖性增强，活动水平下降，回避与他人交往，并伴有自卑感，严重者还会产生自杀想法。

一个人为什么会忧虑，其产生原因是多方面的，但主要是由于自我。正像英国作家萨克雷所说的："生活就是一面镜子，你笑，它也笑；你哭，它也哭。"忧虑也与一个人的社会经验的多寡有关。对社会、对他人的期望值过高，并且对实现美好愿望的艰巨性、复杂性又估计不足，于是当愿望与现实之间出现巨大落差时，即产生失落感，进而失望、失意或忧虑。

20世纪60年代，意大利一个康复旅行团体在医生的带领下去奥地利旅行。在参观当地一位名人的私人城堡时，那位名人亲自出来接待。他虽已80岁高龄，但依旧精神焕发、风趣幽默。

他说："各位客人来这里打算向我学习，真是大错特错，应该向我的伙伴们学习：我的狗巴迪不管遭受如何惨痛的欺凌和虐待，都会很快地把痛苦抛到脑后，热情地享受每一根骨头；我的猫赖斯从不为任何事发愁，它如果感到焦虑不安，即使是最轻微的情绪紧张，也会去美美地睡一觉，让焦虑消失；我的鸟莫利最懂得忙里偷闲、享受生活，即使树丛里吃的东西很多，它也会吃一会儿就停下来唱唱歌。相比之下，我们人却总是自寻烦恼，人不是最笨的动物吗？"

这位老人是快乐的，因为他懂得怎么去扫除忧虑。忧虑的人也许是各有各的忧虑，但快乐的人都是相似的。他们在面对人生的各种选择之时，总会选择让自己快乐的那一种。

由于现代生活的节奏加快，各种信息铺天盖地地占满了我们的生活空间，在大脑一刻不得闲的情况下，精神首先感到的是这种无形的巨大压力，各种忧虑也随之而来。其实在我们产生的忧虑中大多是没有必要或不值得忧虑的，忧虑就如同散布在你生活的空气中的细菌一样，时刻威胁到我们的健康。但是与其他疾病不同的是，它是一个隐形杀手，你能感到它的存在，却看不到它的形状。消除它的方法也很简单，只要你的大脑不让它停留，那么它在你的心中便无法藏身。

忧虑对一个人具有一定的危害性，在生活中，一个经常处于忧虑状态中的人需要从以下 3 个方面进行心理治疗：

★要积极参与现实生活

如认真地读书、看报，了解并接受新事物，积极参加社会活动，学会从历史的高度看问题，顺应时代潮流，不要老是站在原地思考问题。

★要学会在过去与现实之间寻找最佳结合点

如果对新事物立刻接受有困难，可以在新旧事物之间找一个突破口，从新旧结合做起。

★充分发挥适当忧虑的积极功能

适当忧虑有一种让人深刻反思和不满于现状的积极功能。这方面的功能多一些，那么病态的过度忧虑就会减少。因此，也不应对忧虑行为一概反对，适当忧虑还是正常的。

下面来做一个小测试，看看你的忧虑程度如何？以下有 12 个小问题，请你从里面选择适合你的一项。

1. 请选择适合你的一项：

A. 我不感到悲伤

B. 我感到悲伤

C. 我始终悲伤，不能自制

D. 我太悲伤或不愉快，不堪忍受

2. 请选择适合你的一项：

A. 我从各种事件中得到很多满足

B. 我不能从各种事件中感受到乐趣

C. 我对一切事情不满意或感到枯燥无味

D. 我并不满足，也不觉枯燥

3. 请选择适合你的一项：

A. 我不感到有罪过

B. 我在相当长的时间里感到有罪过

C. 我在大部分时间里觉得有罪

D. 我在任何时候都觉得有罪

4. 请选择适合你的一项：

A. 我没有觉得受到惩罚

B. 我觉得可能会受到惩罚

C. 我预料将受到惩罚

D. 我觉得正受到惩罚

5. 请选择适合你的一项：

A. 我对自己并不失望

B. 我对自己感到失望

C. 我讨厌自己

D. 我恨自己

6. 请选择适合你的一项：

A. 我觉得自己并不比其他人更不好

B. 我要批评自己的弱点和错误

C. 我在所有的时间里都责备自己的错误

D. 我责备自己把所有的事情都弄坏了

7. 请选择适合你的一项：

A. 我没有任何想弄死自己的想法

B. 我有自杀想法，但我不会去做

C. 我想自杀

D. 如果有机会我就自杀

8. 请选择适合你的一项：

A. 我现在哭泣与往常一样

B. 我比往常哭得多

C. 我现在一直想哭

D. 我过去能哭，但现在想哭也哭不出来

9. 请选择适合你的一项：

A. 和过去相比，我现在生气并不更多

B. 我现在比往常更容易生气发火

C. 我觉得现在所有的时间都容易生气

D. 过去使我生气的事，现在一点都不能使我生气

10. 请选择适合你的一项：

A. 和过去相比，我对别人的兴趣减少了

B. 我对其他人没有失去兴趣

C. 我对别人的兴趣大部分失去了

D. 我对别人的兴趣已全部丧失

11. 请选择适合你的一项：

A. 我做决定和往常一样好

B. 我推迟作出决定的时候比过去多了

C. 我做决定比以前困难多了

D. 我再也不能作出决定了

12. 请选择适合你的一项：

A. 我工作和以前一样好

B. 要着手做事，我现在需要额外花些力气

C. 无论做什么，我必须努力催促自己才行

D. 我什么工作也不能做了

测试结果：

选择 A 占了 10 个以上：忧虑基本与你无关，你很知足快乐。

选择 B 占了多数：你有轻度忧虑，不十分严重。

选择 C 占多数：你已经有抑郁的毛病，需要及时调整。

选择 D 占多数：你患有严重的抑郁症，如果再不治疗，会发生危险！

撕破恐惧的面纱

恐惧是人类最大的敌人。不安、忧虑、嫉妒、愤怒、胆怯等，都是恐惧的又一种表现。恐惧剥夺人的幸福与能力，使人变为懦夫；恐惧使人失败，使人流于卑贱；恐惧比什么东西都可怕。

恐惧能摧残一个人的意志和生命。它能影响人的消化系统、伤害人的修养、减少人的生理与精神的活力，进而破坏人的身体健康；它能打破人的希望、消退人的意志，使人的心力衰弱至不能创造或从事任何事业。

一个美国电气工人，在一个周围布满高压电器设备的工作台上工作。他虽然采取了各种必要的安全措施来预防触电，但心里始终有一种恐惧，害怕遭高压电击而送命。

有一天他在工作台上碰到了一根电线，立即倒地而死，他身上表现出触电致死者的一切症状：身体皱缩起来，皮肤变成了紫红色与紫蓝色。但是，验尸的时候却发现了一个惊人的事实：当那个不幸的工人触及电线的时候，电线中并没有电流通过，电闸也没有合上——他是被自己害怕触电的自我暗示杀死的。

故事中的主人公是被自己杀死的，是被自己的恐惧杀死的。每个人都有自己惧怕的事情或情景，而且不少事物或情景是人们普遍惧怕的，如怕雷电、怕火灾、怕地震、怕生病、怕失恋等等。但是，有的人的恐惧异于正常人，如一般人不怕的事物或情景，他怕；一般人稍微害怕的，他特别怕。这种无缘无故的与事物或情景极不相称、极不合理的异常心理状态，就是恐惧心理。它是一种不健康的心理，严重的恐惧心理会形成恐惧症。

恐惧心理，会严重影响一个人的学习、工作、事业和前途。为了自己的健康和进步，有严重恐惧心理的人必须下定决心，鼓足勇气，努力战胜自己不健康的恐惧心理。

★学习科学知识

一位心理学家说得好："愚昧是产生恐惧的源泉，知识是医治恐惧的良药。"的确，人们对异常现象的惧怕，大多是由于对恐惧对象缺乏了解和认识引起的。

★勇于实践

经常主动接触自己所惧怕的对象，在实践中去了解它、认识它、适应它、习惯它，就会逐渐消除对它的恐惧。例如，有的人惧怕登高、惧怕游泳、惧怕猫、惧怕毛毛虫等。害怕异性，可以尝试勇敢地去和异性交流，只要经常多实践、多观察、多锻炼、多接触，就会增长胆识，消除不正常的恐惧感。

★转移注意力

把注意力从恐惧对象转移到其他方面，以减轻或消除内心的恐惧。例如，要克服在众人面前讲话的恐惧心理，除了多实践多锻炼外，每次讲话时把自己的注意力从听众的目光、表情转移到讲话的内容上，再配合"怕什么！"等积极的心理作用，心情就会变得比较镇静，说话也能比较轻松自如了。

哈佛学者马尔登曾说过："人们不安和多变的心理，是现代生活多发的现象。"他认为，恐惧是人生命情感中难解的症结之一。面对自然界和人类社会，生命的进程从来都不是一帆风顺、平安无事的，总会遭到各种各样、意想不到的挫折、失败和痛苦。当一个人预料将会有某种不良后果产生或受到威胁时，就会产生这种不愉快情绪，并为此紧张、不安、忧虑、烦恼、担心、恐惧，程度从轻微的忧虑一直到惊慌失措。最坏的一种恐惧，就是常常预感着某种不祥之事的来临。这种不祥的预感，会笼罩着一个人的生命，像云雾笼罩着爆发之前的火山一样。

克服恐惧看起来非常困难，但改变却在一念之间。其实，生活中有很多恐惧和担心完全是由我们内心里想象出来的，想要驱除它必须在潜意识里彻底根除它。拿出一点勇气与行动给自己，就当是脱掉"胆小鬼"的帽子吧。告别恐惧的心理，才能爆破发出强烈而持久的创造力，否则我们将在极度恐慌中度过一年又一年，终无所成，还累坏了繁忙的大脑，让心脏承受不必要的负担。

第二章 CHAPTER 2

给欲望一个合理的限度

欲望无善恶，关键在控制

欲望是一条看不见的灵魂锁链

画，远看则美。山，远望则幽。思想，远虑则能洞察事物本末。心，远放则可少忧少恼……

在某些情境之下，距离是能够产生美的，对名利的疏远尤甚，能够给人带来清明的心智与洒脱的态度。

"天下熙熙，皆为利来，天下攘攘，皆为利往。"从古至今，多少人在混乱的名利场中丧失原则，迷失自我，百般挣扎反而落得身败名裂。古人说得好："君子疾没世而名不称焉，名利本为浮世重，古今能有几人抛？"

这世上的人，有几人能够在名利面前淡然处之，泰然自若？

"人人都说神仙好，唯有功名忘不了"，这是《红楼梦》里的开篇偈语，这一首《好了歌》似乎在诉说繁华锦绣里的一段公案，又像是在告诫人们提防名利世界中的冷冷暖暖，看似消极，实则是对人生的真实写照，即使在数百年后的今天依然如此。世人总是被欲望蒙蔽了双眼，在人生的热闹风光中奔波迁徙，被身外之物所累。

那些把名利看得很重的人，总是想将所有财富收到自己囊中，将所有名誉光环揽至头顶，结果必将被名缰利锁所困扰。

一天傍晚，两个非常要好的朋友在林中散步。这时，有位小和尚从林中惊慌失措地跑了出来，俩人见状，并拉住小和尚问："小和尚，你为什么如此惊慌，发生了什么事情？"

小和尚忐忑不安地说："我正在移栽一棵小树，却突然发现了一坛金子。"

这俩人听后感到好笑，说："挖出金子来有什么好怕的，你真是太好笑了。"然后，他们就问，"你是在哪里发现的，告诉我们吧，我们不怕。"

小和尚说："你们还是不要去了吧，那东西会吃人的。"

两人哈哈大笑，异口同声地说："我们不怕，你告诉我们它在哪里吧。"

于是小和尚只好告诉他们金子的具体地点，两个人飞快地跑进树林，果然找到了那坛金子。好大一坛黄金！

一个人说："我们要是现在就把黄金运回去，不太安全，还是等到天黑以后再运吧。现在我留在这里看着，你先回去拿点儿饭菜，我们在这里吃过饭，等半夜的时候再把黄金运回去。"于是，另一个人就回去取饭菜了。

留下来的这个人心想："要是这些黄金都归我，该有多好！等他回来，我一棒子把他打死，这些黄金不就都归我了吗？"

回去的人也在想："我回去之后先吃饱饭，然后在他的饭里下些毒药。他一死，这些黄金不就都归我了吗？"

不多久，回去的人提着饭菜来了，他刚到树林，就被另一个人用木棒打死了。然后，那个人拿起饭菜，吃了起来，没过多久，他的肚子就像火烧一样痛，这才知道自己中了毒。临死前，他想起了小和尚的话："小和尚的话真对啊，我当初怎么就不明白呢？"

人为财死，鸟为食亡。可见，"财"这只拦路虎，它美丽耀眼的毛发确实诱人，一旦骑上去，又无法使其停住脚步，最后必将摔下万丈深渊。

名利，就像是一座豪华舒适的房子，人人都想走进去，只是他们从未意识到，这座房子只有进去的路，却没有出来的门。枷锁之所以能束缚人，房子之所以能困住人，主要是因为当事人不肯放下。放不下金钱，就做了金钱的奴隶；放不下虚名，就成了名誉的囚徒。

庄子在《徐无鬼》篇中说："钱财不积则贪者忧；权势不尤则夸者悲；势物之徒乐变。"追求钱财的人往往会因钱财积累不多而忧愁，贪心者永不满足；追求地位的人常因职位不够高而暗自悲伤；迷恋权势的人，特别喜欢社会动荡，以求在动乱之中借机扩大自己的权势。而这些人，正是星云大师所说的"想不开、看不破"的人，注定烦恼一生。

权势等同枷锁，富贵有如浮云。生前枉费心千万，死后空持手一双。莫不如退一步，远离名利纷扰，给自己的心灵一片可自由驰骋的广袤天空，于旷达开阔的境界中欣赏美丽的世间风景。

因一件睡袍换了整套家居

人们对很多事物怀抱一种"越得越不足"的心态：在没有得到某种东西时，内心很平衡，生活很稳定。而一旦得到了，反而开始不满足，认为自己应该得到更多。这种心态我们称之为"狄德罗效应"。

法国著名哲学家丹尼斯·狄德罗的朋友赠给他一件精致华美的睡袍，他感到非常开心。回家后他迫不及待地穿着睡袍在书房里走来走去，想要体验穿新衣的快乐。可是很快他就发现自己丝毫快乐不起来：家里的旧式家具、肮脏的地板以及各种陈设在新袍子的衬托下显得十分不和谐，看着很不顺眼。于是他再没有心思去感受袍子的舒适和华贵，而是赶紧把家里陈设都换成新的，以求跟新袍子相匹配，结果花了很大力气。事情做完后，他开始懊恼，意识到自己被一件袍子控制了：在没有得到这件袍子之前，他对家中的陈设感到很满意。得到新袍子后，为了满足与新袍子相匹配的欲望，他不得不更换新的家具。为了一件袍子，他付出了巨大的精力和金钱。

在我们的生活中，到处都能看到狄德罗效应的影响。老百姓生活中最常见的就是：当一个人花了几十年积蓄才买到几十平方米的商品房，为了对得起购买的价值，往往还要大费周章地装修一番，铺大理石，装实木门，配红木硬家具，添置各种摆设……装修完毕后，还得考虑出入这样的住宅得有好的行头，于是着装档次也提升了。

可是口袋里的钱也越花越不够了，最后捉襟见肘，只能打肿脸充胖子。所以，尽量不要购买非必需品。因为如果你接受了一件，那么你会不断地接受更多不必要的东西。当然，生活中也不乏狄德罗效应的正面例子。人们在得到了比实际更高的赞誉时，能激励人以更高的标准要求自我。

有一位先生娶了一位泼妇，他们经常吵架。这天，一个机缘巧合，先生在下班的路上得到了一束百合花，并把这束花带回家。前来开门的妻子看到丈夫手中的花，眼神顿时变得温柔了，她欣喜地问丈夫为什么买花给她。丈夫不忍心破坏妻子的好心情，就随口回答了一句，我觉得你像百合一样清新美好而有气质。这位妻子相信了丈夫的话。从那以后，妻子有了大转变，说话轻声慢语，对丈夫体贴温柔，变得越来越有气质。

我们如何更好地发挥"狄德罗效应"，让它给我们带来积极肯定的意义呢？

第一，相信我可以配得上华贵的袍子。在这里，我们把"狄德罗的袍子"看作是更高更好的追求。人们在树立了远大理想抱负的时候，就会逼着自己摆脱落后的现状，去积极追求更好的生活。那些之所以成功的人，正是坚信自己一定能摆脱贫穷的命运，相信自己是穿华贵袍子的人，于是努力去追求和创造，才拥有了今天我们看到的美好生活。

第二，从一点一滴做起，逐步完善目标。缺乏自信心的人往往会说："你看，我什么都做不好，我没有任何优点，我一事无成。"

可谁是一蹴而就的呢？灰心丧气的时候想一想孩童的牙牙学语、蹒跚学步，成功的经验都是一步一个脚印，从一点一滴积攒起来的。

虽说要懂得知足常乐，但有时候适当地提高一点要求，树立一个更高的目标，也许能更好地激发斗志，获得更大的成功。

过多的欲望会蒙蔽你的幸福

人很多时候是很贪心的，就像很多人形容的那样：吃自助的最高境界是——扶墙进，扶墙出。进去扶墙是因为饿得发昏，四肢无力，而扶墙出则是因为撑得路都走不了。人愿意活受罪是因为怕吃亏。而有些时候，人总是对自己不满，还是因为太贪心，什么都想得到。

很多人常常抱怨自己的生活不够完美，觉得自己的个子不够高、自己的身材不够好、自己的房子不够大、自己的工资不够高、自己的老婆不够漂亮，自己在公司工作了好几年了却始终没有升职……总之，对于自己拥有的一切都感到不满，觉得自己不幸福。真正不快乐的原因是：不知足。一个人不知足的时候，即使在金屋银屋里面生活也不会快乐，一个知足的人即使住在茅草屋中也是快乐的。

剑桥教授安德鲁·克罗斯比说：真正的快乐是内心充满喜悦，是一种发自内心对生命的热爱。不管外界的环境和遭遇如何变化，都能保持快乐的心情，这就需要一种知足的心态。知足者常乐，因为对生活知足，所以他会感激上天的赠予，用一颗感恩的心去感谢生活，而不是总抱怨生活不够照顾自己。

有一个村庄，里面住着一个左眼失明的老头儿。

老头儿9岁那年一场高烧后，左眼就看不见东西了。他爹娘顿时泪流满面，一个独生的儿子瞎了一只眼睛可怎么办呀！没料他却说自己左眼瞎了，右眼还能看得见呢！总比两只眼都瞎了要好！比起世界上的那些双目失明的人不是要强多了吗？儿子的一番话，让爹娘停止了流泪。

老头儿的家境不好，爹娘无力供他读书，只好让他去私塾里旁听。他的爹娘为此十分伤心，他劝说道："我如今也已识了些字，虽然不多，但总比那些一天书没念，一个字不识的孩子强多了吧！"爹娘一听也觉得安然了许多。

后来，他娶了个嘴巴很大的媳妇。爹娘又觉得对不住儿子，而他却说和世界上的许多光棍汉比起来，自己是好到天上去了！这个媳妇勤快、能干，可脾气不好，把婆婆气得心口作痛。他劝母亲说："天底下比她差得多的媳妇还有不少。媳妇脾气虽是暴躁了些，不过还是很勤快，又不骂人。"爹娘一听真有些道理，怄的气也少了。

老头儿的孩子都是闺女，于是媳妇总觉得对不起他们家，老头儿说世界上有好多结了婚的女人，压根儿就没有孩子。等日后我们老了，5个女儿女婿一起孝敬我们多好！比起那些虽有儿子几个，却妯娌不和，婆媳之间争得不得安宁要强得多！

可是，他家确实贫寒得很，妻子实在熬不下去了，便不断抱怨。他说："比起那些拖儿带女四处讨饭的人家，饱一顿饥一顿，还要睡在别人的屋檐下，弄不好还会被狗咬一口，就会觉得日子还真是不赖。虽然没有馍吃，可是还有稀饭可以喝；虽然买不起新衣服，可总还有旧的衣裳穿，房子虽然有些漏雨的地方，可总还是住在屋子里边，和那些讨饭维持生活的人相比，日子可以算是天堂了。"

老头儿老了，想在合眼前把棺材做好，然后安安心心地走。

可做的棺材属于非常寒酸的那一种，妻子愧疚不已，而老头儿却说，这棺材比起富贵人家的上等柏木是差远了，可是比起那些穷得连棺材都买不起，尸体用草席卷的人，不是要强多了吗?

老头儿活到72岁，无疾而终。在他临死之前，对哭泣的老伴说："有啥好哭的，我已经活到72岁，比起那些活到八九十岁的人，不算高寿，可是比起那些四五十岁就死了的人，我不是好多了吗?"

老头儿死的时候，神态安详，脸上还留有笑容……

老头儿的人生观，正是一种乐天知足的人生观，永远不和那些比自己强的人攀比，用自己拥有的与那些没有拥有的人做比较，并以此找到了快乐的人生哲学。人生不就这样吗? 有总比没有强多了。

很多时候，我们就缺少老头儿的这种心境，当我们抱怨自己的衣服不是名牌的时候，是否想到还有很多人连一套像样的衣服都没有；当我们抱怨自己的丈夫没有钱的时候，可否想到那些相爱但却已阴阳两重天的人；当我们抱怨自己的孩子没有拿到第一的时候，是否想到那些根本上不起学的孩子；当我们抱怨工作太累的时候，可否想到那些在街上摆着小摊的小贩们，他们每天起早贪黑，他们根本没有工夫去抱怨……其实，我们已经过得很好了，我们能够在偌大的城市拥有着自己的房子，哪怕只是租的，我们不用为吃饭发愁，我们拥有着体贴的妻子，可爱的孩子，有着依旧对自己牵肠挂肚的父母……实际上我们已经拥有的够多了，还有什么不满意的呢？快乐也是在知足中获得的。

可以有欲望，但不可有贪欲

伊索有句话说："许多人想得到更多的东西，却把现在所拥有的也失去了。"对于生活，普通的老百姓没有那么多言辞来形容，但是他们有自己的一套语言。于是，老人们会在我们面前念叨：做人啊，要本分，不要丢了西瓜捡芝麻。这个道理其实与文化人伊索说的是一样的。

的确，人生的沮丧很多都是源于得不到的东西，我们每天都在奔波劳碌，每天都在幻想填平心里的欲望，但是那些欲望却像是沟壑，你越是想填平，它就越深。

欲望太多，就成了贪婪。贪婪就好像一朵艳丽的花朵，美得你兴高采烈、心花怒放，可是你在注意到它的娇艳的同时，却忘了提防它的香气，那是一种让你身心疲惫却永远也感受不到幸福的毒药。从此，你的心灵被索求所占据，你的双眼被虚荣所模糊。

年轻的时候，艾莎比较贪心，什么都追求最好的，拼了命想抓住每一个机会。有一段时间，她手上同时拥有13个广播节目，每天忙得昏天暗地，她形容自己："简直累得跟狗一样！"

事情总是对立的，所谓有一利必有一弊，事业愈做愈大，压力也愈来愈大。到了后来，艾莎发觉拥有更多、更大不是乐趣，反而成为一种沉重的负担。她的内心始终有一种强烈的不安笼罩着。

1995 年，"灾难"发生了，她独资经营的传播公司日益亏损，交往了七年的男友和她分手……一连串的打击直奔她而来，就在极度沮丧的时候，她甚至考虑结束自己的生命。

在面临崩溃之际，她向一位朋友求助："如果我把公司关掉，我不知道我还能做什么？"朋友沉吟片刻后回答："你什么都能做，别忘了，当初我们都是从'零'开始的！"

这句话让她恍然大悟，也让她勇气再生："是啊！我们本来就是一无所有，既然如此，又有什么好怕的呢？"就这样念头一转，她不再沮丧。没想到，在短短半个月之内，她连续接到两笔很大的业务，濒临倒闭的公司起死回生。

历经这些挫折后，艾莎体悟到了人生"无常"的一面：费尽了力气去强求，虽然勉强得到，最后留也留不住；而一旦放空了，随之而来的可能是更大的能量。她学会了"舍"。为了简化生活，她谢绝应酬，搬离了 150 平方米的房子，索性以公司为家，挤在一个10 平方米不到的空间里，淘汰不必要的家当，只留下一张床、一张小茶几，还有两只做伴的小狗。

艾莎这才发现，原来一个人需要的其实那么有限，许多附加的东西只是徒增无谓的负担而已。

人人都有欲望，都想过美满幸福的生活，都希望丰衣足食，这是人之常情。但是，如果把这种欲望变成不正当的欲求，变成无止境的贪婪，那无形中就成了欲望的奴隶。

在欲望的支配下，我们不得不为了权力、为了地位、为了金钱而削尖了脑袋向里钻。我们常常感到自己非常累，但仍觉得不满足，因为在我们看来，很多人生活得比自己更富足，很多人的权力比自己的大。所以我们别无出路，只能硬着头皮往前冲，在无奈中透支着体力、精力与生命。

这样的生活，能不累吗？被欲望沉沉地压着，能不精疲力竭吗？静下心来想一想：有什么目标真的非要实现不可，又有什么东西值得我们用宝贵的生命去换取？

少一分欲望，多一分自在

生活当中有不少人，为了永无休止的贪欲而无谓地失去很多东西。为了生存，他们透支着体力和精力；为了爱情，他们透支着青春和情感；为了财富和地位，他们失去了健康和快乐。

其实，财富也好，情感也罢，或是其他方面的索求，都应该做到取之有度，适可而止。不然，我们很容易成为欲望的奴隶，贪婪的俘虏。贪，为万恶之源，失败之根本。有多少人由贪而变贫，由贪而服法，由贪而寝食难安，由贪而葬送生命。

唐代大诗人白居易有一首《对酒》诗："蜗牛角上争何事？石火光中寄此身。随富随贫且随喜，不开口笑是痴人。"这首小诗只有简简单单的 28 个字，却深得很多后代人的赞赏。诗的大意是：人活在这个世界上，从空间上讲，就像是活在蜗牛角上一样局促；从时间上讲，就像电光火石一样短暂。何必为一些缥缈虚无的东西你争我夺呢，无论贫富都不应该斤斤计较，开口便笑，放怀得失才有真正的快乐。

我们看古代的诗人，都是这样的一种生活状态。比如陶渊明的诗，"方宅十余亩，草屋八九间。榆柳荫后檐，桃李罗堂前。暧暧远人村，依依墟里烟。狗吠深巷中，鸡鸣桑树颠。"这是一种再简单不过的生活了：种几亩田，栽几棵树，守着袅袅炊烟，听着鸡鸣犬吠。这样的日子简单、恬适，却也悠然自得。

良田千顷，夜眠八尺；家有万金，日食三餐。有时候真正的幸福并不是获得多少，而是你能够满足多少。

物欲太盛造成灵魂病态，使精神上永无宁静，心灵也永无快乐，这是受到贪欲人性捆绑的后果。在一个完全物化的世界里，人性被越来越多的贪欲之绳捆绑着，由此失去了快乐的生活和自由的空间。在欲望的海洋中泅渡是一种痛苦，彼岸遥遥而淡水枯竭，无边浩瀚的海洋就像是诱惑无数的花花世界，第一口海水本是为了解渴，哪知命运却也就此断送在了这一口海水中。人心中欲望太多，而不能一一得到满足，就会产生烦恼，就会觉得苦。人为了摆脱这种感觉就会竭尽全力地再次索取，却愈发摆脱不了贪婪人性的控制，一再地往深渊中深陷，幸福已在挣扎中失去了原本的色彩。

贪婪的本质是不安定，它像是长在人内心深处的一棵毒草，不断地腐蚀着本来清净的心灵。它时而蛰伏，时而膨胀，人若不能摆脱就只能受制，所谓人心不足蛇吞象，过于贪婪而没有节制只能招致生活的惩罚。

欲望是无穷的，贪婪像是一把利刃，不丢下就不能踏上苦海之岸，心中揣着太多的贪念，行走尚且蹒跚，又怎么回头？不回头，哪里是苦海的岸呢？要想上岸，必须破除贪念，在修行中要将慈悲心提起，将奉献当作一种快乐。"布施的人有福，行善的人快乐。"这，是抵制贪念的第一利器，是一个人充满慈悲心的具体表现，更是一个人有智慧和有责任心的表现。人生一世，想要活得轻松，多一分自在，就要少一分贪欲。

放弃生活中的"第四个面包"

非洲草原上的狮子吃饱以后，即使羚羊从身边经过，也懒得抬一下眼皮；瑞士的奶牛也是一样，只要吃饱了肚子，它就会闲卧在阿尔卑斯山的斜坡上，一边享受温暖的阳光，一边慢条斯理地反刍。

有一位作家非常赞赏瑞士奶牛和非洲狮子的生存哲学。他说，假如你的饭量是三个面包，那么你为第四个面包所做的一切努力都是愚蠢的。

王立有一个做医生的朋友，几年前王立到一个宾馆去开会，一眼瞥见领班小姐，貌若天仙，便上前搭讪。小姐莞尔一笑，用一种很不经意的口气说："先生，没看见你开车来哦！"他当即如五雷轰顶，大受刺激，从此立志加入有车族。后来朋友和王立在一起吃饭，几杯酒下肚之后，朋友告诉王立，准备把开了一年的"昌河"小面包卖掉，换一辆新款的"爱丽舍"。然后又问王立买车了没有。王立老老实实地回答，还没有，而且在看得见的将来也没有这种可能性。他同情地看着王立："唉！一个男人，这一辈子如果没有开过车，那实在是太不幸了。"

这顿饭让王立吃得很惶惑。因为按他目前的收入水平，买辆"爱丽舍"，他得不吃不喝地攒上好几年。更糟糕的是，若他有一天终于买上了汽车，也许在他还没有来得及品味"幸福"滋味的时候，一个有私人飞机的家伙对他说："作为一个男人，没开过飞机太不幸了！"那他这辈子还有救吗？

这个问题让王立坐立不安了很长时间。如何挽救自己免于堕入"不幸"的深渊，让他甚为苦恼。直到有一天，他无意中看到这样一段话：有菜篮子可提的女人最幸福。因为幸福其实渗透在我们生活中点点滴滴的细微之处，人生的真味存在于诸如提篮买菜这样平平淡淡的经历之中。我们时时刻刻拥有着它们，却无视它们的存在。

王立恍然大悟。原来他的朋友在用一个逻辑陷阱蓄意误导他：没有汽车是不幸的。你没有汽车，所以你是不幸的。但这个大前提本身就是错误的，因为"汽车"与"幸福"并无必然的联系。

在一个成功人士云集的聚会上，王立激动地表达了自己内心深处对幸福生活的理解："不生病，不缺钱，做自己爱做的事。"会场上爆发了雷鸣般的掌声。

成功只是幸福的一个方面，而不是幸福的全部。人们对"成功"

的需求是永无止境的，没完没了地追求来自外部世界的诱惑——大房子、新汽车、昂贵服饰等，尽管可以在某些方面得到物质上的快乐和满足，但是这些东西最终带给我们的是患得患失的压力和令人疲惫不堪的混乱。

两千多年前，苏格拉底站在熙熙攘攘的雅典集市上叹道："这儿有多少东西是我不需要的！"同样，在我们的生活中，也有很多看起来很重要的东西，其实，它们与我们的幸福并没有太大关系。我们对物质不能一味地排斥，毕竟精神生活是建立在物质生活之上的，但不能被物质约束。面对这个已经严重超载的世界，面对已被太多的欲求和不满压得喘不过气的生活，我们应当学会用好生活的减法，把生活中不必要的繁杂除去，让自己过一种自由、快乐、轻松的生活。

贪欲会让人走上不归路

人性中的弱点之一就是贪婪。

一位学者曾经说过：一个人的心脏只有拳头大小，但是，如果你把整个地球全部装进去，也装不满，还会有空隙。这句话形象地说明，人是非常贪婪的一种动物。

"人为财死，鸟为食亡。"禽兽追求的只是活命的口粮，贮存一点过冬的食物，便是最大的积蓄了。人却在无休止地拓宽自己的生活领域，有了基本的生存条件还要不停地让生活更为丰富多彩，于是便拼命地攫取。一只章鱼的体重可以达 70 磅，如此庞大的家伙，身体却非常柔软，柔软到几乎可以将自己塞进任何想去的地方。章鱼没有脊椎，这使得它可以穿过一个银币大小的洞，自由地游走在狭小的缝隙之中。它们最喜欢做的事情，就是将自己的身体塞进海螺壳里躲起来，等到鱼虾靠近时，就咬断它们的头部，注入毒液，使其麻痹而死，然后美餐一顿。对于海洋中的其他生物来说，章鱼可以称得上是最狡猾、最阴险、最贪婪的动物之一。它们企图把整个海洋统治在自己手里，为此，它们利用自己的天然优势，贪得无厌地掠取其他动物的生命。它们无孔不入地活动在海洋的每一个角落，伺机满足自己的贪欲。

但是，章鱼再狡猾，人类也有办法制服它，而且正是利用了它的这种天性，人类才想出了一个绝妙的办法。渔民们用绳子将小瓶子串在一起沉入海底，章鱼一看见小瓶子，都争先恐后地往里钻，不论瓶子有多小、多么窄。结果，这些在海洋里无往不胜的章鱼，一下子就变成了瓶子里的囚徒，变成了渔民的猎物，变成了人类餐桌上的美餐。是什么囚禁了章鱼？是瓶子吗？不，瓶子放在海里，瓶子不会走路，更不会去主动捕捉章鱼。囚禁章鱼的不是别的，正是它们自己的贪欲。贪欲就像是一个无底洞，像是一条不归路，吸引着章鱼向里走，向着最狭窄的路越走越远，不管那是一条多么黑暗的路，即使那条路是条死胡同，它们都不舍得放弃。

我们人类也一样，也并不比章鱼聪明几分，我们的人性中也有灰暗点，也会有诸多的欲望，随着欲望的愈发强烈，渐渐就变成了贪婪。所以，在很多时候，我们也会犯和章鱼一样的错，认为自己可以拥有得更多，而那些吸引我们忘乎所以的贪欲，就像那个瓶子一样，将我们囚于其中，使我们的心灵得不到放松与解脱，使我们直到身心疲惫也难以走出命运的迷宫。历史上赫赫有名的大贪官和珅，就是一个很好的例子。最初和珅也是一不可多得的人才，他从小就显露出与众不同的聪明才智，经过多年的寒窗苦读和发愤图强之后，才有了出头之日。初到宫廷的和珅不断受到皇帝的重视，官越升越高，权力越来越大，金钱也自然越来越多。尝到了金钱和权力带来的甜头之后，和珅的心变得越来越贪婪，从而一发不可收拾，走上了一条不归路。

其实，人活着，追求功名、权力、金钱、地位本也无可厚非，但不论追求什么，总要适可而止。如果让贪欲牵着鼻子走，最终一定会走向万劫不复的深渊。

别让不正当欲望肆意生长

购物成癖也是病

女人是天生的购物狂，当面对琳琅满目的商品时，哪怕是对自己毫无用处的商品，她们都会不假思索地买下来。购物消费从最初满足生活基本需求的简单行为，逐渐演变成女人最热衷的休闲活动，甚至是强烈的心理需求。

据专家分析，大部分女人都有购物狂倾向，只不过程度不同而已。与男人相比，女人购物缺少理性，资料显示，超过40%的女人对促销商品有购买欲。同时，女人消费更容易受到他人观点的左右，这也从侧面反映了女性消费的非理性。

不过，尽管如此，女人由于自身的一些特点，通常在选择商品时要比男人细致，更注重产品在细微处的差别，也更加挑剔。从这点上看，女人的生意并不那么好做。如果厂家能在产品的设计和宣传上关注细节，则更能吸引女性消费者。此外，对女性而言，购物是她们释放压力的最常用方法。很多女人会在情绪不好时购物，以及时宣泄压力；情绪好时也购物，因为买了喜欢的东西可以体会到幸福感。

女人之所以喜欢上街购物，通常有以下几种心理：

第一，审美心理。女人一般都很爱美，不但希望把自己打扮得漂漂亮亮，还特别喜爱其他美丽精致的东西，而精美怡人的商品正是美的集中表现。女人爱逛商店有一个很重要的动机，就是去欣赏这些美，从而体验到一种赏心悦目的快乐。

第二，爱占便宜的心理。在商品价格上，女人比男人更加相信"货比三家，价比三家"的道理。女人买东西通常会比较几家商店的同类商品价格，经过一番斟酌比较后，选择最便宜的价格。女人不愿承担过高的风险，这就注定了女性对花销更谨慎，对价格更敏感。这也从一个侧面证明了促销活动对女性购物决策的影响力会比较大。因为在商家打折、送礼、限量发行的蛊惑下，女人时常会油然而生一种购物冲动。结果是，花很多钱买回一些自己并不需要的东西。每次购物热情散去，只好冷眼看着个人居所成了部分商品的分散"仓储库"。

第三，知晓心理。常常可以看到这样的现象，一位女士在服装柜台前，仔细地询问一番价格以及质地之后，并不购买。女人把对某些商品的了解，当作一种本领。女人一般都喜欢时尚，需要不断地从商店中获得最新流行信息。有些女人就是凭借对商品行情的了解和对流行服饰的敏感，而在群体中获得一定地位。

第四，获得尊重的心理。当女人一踏进商店的大门，受到许多服务人员亲切而殷勤的接待时，她们就会产生一种高高在上的感觉。商店内美丽华贵的物品不但能够满足女人们的购物欲，还可以衬托出女性的高贵气质。奢侈的羊绒衫、珍贵精致的花瓶，只要是自己看好的东西，就算再贵也在所不惜，"有了它我的人生就完美了"。这也是女人宠自己的具体表现。

第五，群体认同心理。女性逛街一般都喜欢结伴而行，通过购物和好友进行交流，比如买东西时朋友之间可以互相提供参考意见。这种人际交往方式更轻松，相互之间更容易获得人际交往的满足感。

偷吃禁果要当心

在许多高校门口，我们常能看到一些避孕套自动售卖机，这也许是校方不得已的做法，尽管校方明令禁止，但偷吃禁果者仍大有人在，而且愈演愈烈。

在 20 年前，女大学生普遍认为，两个人发生性关系，就意味着他们相爱，还会进一步发展，直到结婚；10 年前，如果两个人发生性关系，并不意味着一定会结婚；而现在有的女大学生认为，即使不相爱的两个人，只要不是互相利用，也可以发生性关系。

有关机构曾对 500 名女大学生进行了为期 4 年的关于从处女到非处女转变的心理研究，发现女大学生体验过性生活的比例随年级递增，比例分别为：大一 10%；大二 13%；大三 20%；大四约 25%。

研究者认为，女大学生的这种性开放表现，有生理的原因，也有社会的原因，但主要还是心理的原因。

1. 为了爱情的忠诚

有的女生在恋爱过程中，对男友很满意，视对方为梦中的白马王子，对方却对她若即若离。女生生怕对方飞走了，于是主动献出贞操，试图以最宝贵的圣地换取最忠诚的爱。这种女生没有领悟到爱的真谛，她企图用一种祭献式的真诚来拴住她爱的男人，忘记了爱应该是相互的。

2. 为了情欲的快乐

在20世纪80年代初，西方社会爆发了一场性解放和性自由运动，许多女大学生也深受其毒害，一味地追求感官的刺激，视神圣的性如儿戏，有的甚至走上犯罪道路，成了性的奴隶。

3. 为了私欲的满足

为了追求物质享受，满足吃喝玩乐等感官的需要，获得穿戴等时髦用品，有的女子甘愿与别人发生性关系，赚取脸上肮脏的胭脂。

4. 为了消除寂寞

观察表明，知识层次越高的人越易产生孤独的感觉。告别父母、背井离乡的女大学生，初来乍到，人生地疏，孤独之感油然而生。为了排遣寂寞无聊的光阴，她们总是积极参加各种社团活动，试图他乡觅知音。许多女生一进大学就找男友、觅知己，甚至感到没有男友是件不光彩的事，而最后往往会偷吃禁果，从而一发不可收拾。

5. 为了成全男友

随着恋爱的逐渐深入，双方的感情进一步加深，恋人间的身体接触也会由少到多，从起初的互相拉拉手，逐渐发展到拥抱、接吻及肉体的抚摸。再进一步，有的男性就会提出过分的要求——进行性的尝试，而女方可能怕逆了对方的意有损于两人的恋爱关系，深恐毁了两人的恋情，只好以身相许。

6. 为了逃避压力

很多女生在考上大学后，其父母都会鼓励她要多交朋友，灌输给她：年轻时可以挑人家，再过几年就换成人家挑你了。现在大龄姑娘太多了，不要只顾学习，有了男朋友，才有依靠。找对象是一辈子的大事，要把握住时机。女生常常会被周围的"高论"潜移默化了。就这样，为结婚而找对象成了许多女生大学四年必修的学分，无形中产生了很大的压力。面对这些压力一些女生便将性作为了发泄口。

7. 为了证明自己的成熟

在青春期到来后，女性和男性一样，要求与具有丰富的性知识和性经验的伙伴交往的愿望越来越强烈。有的女孩觉得自己貌美绝伦，身心发育成熟，富于性感，急于得到成熟异性的认同。每当男生用赞赏的目光凝望着她时，她就觉得自己长大了，瓜熟蒂落，该是自由恋爱、自由结婚的时候了，大有"养兵千日，用兵一时"的感觉。为了证明自己的成熟和魅力，她会主动和男生发生关系。

综上所述，女人在对待性方面，常常有不正确的心态。她们以为将性生活看得平常，就是思想的开放和行为的进步。其实不然，禁果是不可以偷吃的，否则最后受伤的只有女人自己。

一夜情，炸掉的是婚姻的碉堡

不管是赫赫有名的大网站，还是鲜为人知的小网站，永远都离不开情感的话题。各网站为了提高人气纷纷增设的聊天室，无所不在的网络聊天室给生活中日渐冷落疏离的人群注入了些许温情，也给一些人们提供了网上猎艳的方便途径。

昏暗喧哗的酒吧，酒精会让人们头脑发晕。人们在夜晚往往会变得比较感性而且脆弱，加上音乐、烟酒和令人昏昏欲睡的昏暗灯光。"今晚你一个人吗？"这是酒吧里一夜情最平常的开场白。对浪漫情怀有着特别渴求的女人的心理防线最容易被攻破。

通信方式的发达，人们交流方式日趋多样化，打电话、发短信，还可以随时上网，而且有 QQ、MSN、网易泡泡等各种即时聊天工具。网络公司为赚得更多的利润，开设各类名目的手机速配。以上种种，无疑都大大提升了一夜情发生的概率。

现在不少年轻女人赞同和尝试一夜情，与当前的电视、电影及文学作品中故意渲染其浪漫美好、毫无约束不无关系。而事实上，由于这种非正常的性关系绝大多数是处于毫无防备的状态下进行的，所以难免会产生后遗症：

1. 心理阴霾
一夜情在某些人心目中被畸形定位成个人魅力的体现，似乎任何道德规范都是禁锢人性的桎梏，而实际上这种不可能坦然进行的性关系，在彼此心理上多多少少会留下如同偷窃者一样的烙印。激情过后，除了担心可能怀孕、患病、被他人知晓外，如何面对现在或未来的伴侣，这段不合法的性经历该深深掩埋还是从容道出，终归是潜藏心头的一块巨石。

"我好后悔"，这是当事者经常事后才发出的叹息，可惜来得晚了些。

2. 患病风险

"偶尔一次没关系"，这是一夜情女性普遍的心态，总觉得一次偷情不会出什么事。由于一夜情的发生常常带有偶然性，加之为了追求快感，男女双方一般很少事先采取必要的防护措施，比如使用避孕套、局部清洁等，更由于彼此对对方既往的性经历和健康状况几乎一无所知，因此这"一次"就很可能沾染性病甚至艾滋病。

3. 婚姻危机

对于已婚的年轻人，经不住一夜情诱惑的结果不仅仅是心理和肉体上的伤害，还会造成家庭的破裂。

张丽结婚后便和丈夫来到北京，因为工作的需要，夫妻二人通常是一个星期或是一个月才见一面，张丽特别享受分居带来的自由。她开始频繁地和一些男人发生一夜情，因为她的介入，许多家庭被拆散。可她觉得自己玩的是一夜情，那么对方的家庭出现变故就应与自己无关。直到姐姐和姐夫因一夜情而离婚后，张丽才意识到事情是多么严重，于是她决定以后再也不做对不起丈夫的事。但事情没能就这样结束，一个偶然的机会，张丽的事被丈夫知道了，丈夫提出协议离婚。张丽很后悔，希望丈夫能原谅她，她尽最大的努力挽回丈夫的心，想保持家庭的完整性。如果家庭破裂，最终受伤害的是孩子和双方的家人，她希望丈夫能看在这一点上原谅自己。

贪图一时之快的后果是沉重的，要付出惨重的代价。我们要管好自己，抵制诱惑，坚决地摒弃一夜情。

你不控制习惯，习惯就会控制你

坏习惯难改变，好习惯养成难

成功的习惯重在培养

美国学者特尔曼从 1928 年起对 1500 名儿童进行了长期的追踪研究，发现这些"天才"儿童平均年龄为 7 岁，平均智商为 130。成年之后，又对其中最有成就的20%和没有什么成就的20%进行分析比较，结果发现，他们成年后之所以产生明显差异，其主要原因就是前者有良好的学习习惯、强烈的进取精神和顽强的毅力，而后者则甚为缺乏。

习惯是经过重复或练习而巩固下来的思维模式和行为方式，例如，人们长期养成的学习习惯、生活习惯、工作习惯等。"习惯养得好，终身受其益""少小若无性，习惯成自然"。习惯是由重复制造出来，并根据自然法则养成的。

孩子从小养成良好的习惯，能促进他们的生长发育，更好地获取知识，发展智力。良好的学习习惯能提高孩子的活动效率，保证学习任务的顺利完成。从这个意义上说，它是孩子今后事业成功的首要条件。

但是习惯是从哪里来的呢？

习惯是自己培养起来的。当你不断地重复一件事情，最后就有了应该和不应该，开始形成了所谓的真理，但是你还有更多的事情没有接触到。

习惯应该是你帮助自己的工具，你需要利用自己的习惯来更好地生活，如果哪个习惯阻碍了你实现这样的目标，那么就该抛弃这样的坏习惯。

下面是培养良好习惯的过程与规则：

（1）在培养一个新习惯之初，把力量和热忱注入你的感情之中。对于你所想的，要有深刻的感受。记住：你正在采取建造新的心灵道路的最初几个步骤，万事开头难。一开始，你就要尽可能地使这条道路既干净又清楚，下一次你想要寻找及走上这条小径时，就可以很轻易地看出这条道路来。

（2）把你的注意力集中在新道路的修建工作上，使你的意识不再去注意旧的道路，以免使你又想走上旧的道路。不要再去想旧路上的事情，把它们全部忘掉，你只要考虑新建的道路就可以了。

（3）可能的话，要尽量在你新建的道路上行走。你要自己制造机会来走上这条新路，不要等机会自动在你跟前出现。你在新路上行走的次数越多，它们就能越快被踏平，更有利于行走。一开始，你就要制订一些计划，准备走上新的习惯道路。

（4）过去已经走过的道路比较好走，因此，你一定要抗拒走上这些旧路的诱惑。你每抵抗一次这种诱惑，就会变得更为坚强，下次也就更容易抗拒这种诱惑。但是，你每向这种诱惑屈服一次，就会更容易在下一次屈服，以后将更难以抗拒诱惑。你将在一开始就面临一次战斗，这是重要时刻，你必须在一开始就证明你的决心、毅力与意志力。

（5）要确信你已找出正确的途径，把它当作是你的明确目标，然后毫无畏惧地前进，不要使自己产生怀疑。着手进行你的工作，不要往后看。选定你的目标，然后修建一条又好、又宽、又深的道路，直接通向这个目标。

你已经注意到了，习惯与自我暗示之间存在着很密切的关系。根据习惯而一再以相同的态度重复进行的一项行为，我们将会自动地或不知不觉地进行这项行为。例如，在弹奏钢琴时，钢琴家可以一面弹奏他所熟悉的一段曲子，一面在脑中想着其他的事情。

自我暗示是我们用来挖掘心理道路的工具，"专心"就是握住这个工具的手，而"习惯"则是这条心理道路的路线图或蓝图。要想把某种想法或欲望转变成为行动或事实，之前必须忠实而固执地将它保存在意识之中，一直等到习惯将它变成永久性的形式为止。

莫跟着习惯老化

有一只小牛，见母牛在农民的鞭下汗流浃背地耕田，感到很难过，就问："妈妈，既然世界这么大，为什么我们一定要在这里受苦，受人折磨呢？"

母牛一边挥汗如雨，一边无可奈何地回答说："孩子，没办法呀，自从咱们吃了人家的东西，就身不由己了，祖祖辈辈都这样啊！"

世界虽大，但被奴役惯了的牛，却只能终身劳作于田间。

有一个伐木工人在一家木材厂找到了工作，报酬不错，工作条件也好，他很珍惜，下决心要好好干。

第一天，老板给他一把利斧，并给他划定了伐木的范围。这一天，工人砍了18棵树。老板说："不错，就这么干！"工人很受鼓舞，第二天，他干得更加起劲，但是他只砍了15棵树。第三天，他加倍努力，可是仅砍了10棵。

工人觉得很惭愧，跑到老板那儿道歉，说自己也不知道怎么了，好像力气越来越小了。

老板问他："你上一次磨斧子是什么时候？"

"磨斧子？"工人诧异地说，"我天天忙着砍树，哪里有工夫磨斧子！"

这个工人很可爱，他以为越卖力工作成果就会越大，殊不知，"磨刀不误砍柴工"，没有锋利的工具，又怎么能干出有效率的工作。这个工人的失误就在于思维习惯束缚了他。

还有一则笑话，说的是有一天，某局长突然接到一封加急电报，电文是："母去世，父病危，望速回。"阅毕，局长痛不欲生，边哭边在电报回单上签字，邮递员接过回单一看，那上面写的竟是"同意"二字。原来局长已经习惯写"同意"了。

许多人大笑过后，不禁陷入了沉思，确实，习惯的影响对个人及集体实在太大了。

好习惯可以助人成长，坏习惯则可以毁人一生。

朋友，如果你不想搞出像那位局长这样的笑话，就请警惕你的老习惯吧！

还有一则寓言。一只大雁和一只狐狸都落入猎人设下的陷阱。它们都在思考如何从猎人的"魔掌"死里逃生。不久，猎人来了。

飞遍大江南北、见多识广的大雁知道，既然成为猎物，求饶是没用的，于是它赶快躺在地上装死。猎人以为大雁是被狐狸咬死的，就把它扔在地上。

狐狸想，民间有"不打笑脸人"一说，于是就嬉笑着说："大哥，咱们是好兄弟，你就饶了我吧。"但猎人根本不予理睬："狡猾的东西，我不会上你的当。"一棍子就打死了狐狸，再回头找大雁，谁知，大雁早拍拍翅膀飞了。

时代在不断发展，仅靠小聪明，死守老一套的习惯，已经不能适应社会的要求。在如今的社会里，只有那些敢于大胆创新，勇于挑战社会和挑战自我的人，才能成为时代的先行者。

有的人习惯于遵循老传统，恪守老经验，宁愿平平淡淡做事，安安稳稳生活，日复一日、年复一年地从事别人为他们安排的重复性劳动，他们的生活毫无波澜，更无创造。这种人思想守旧，循规蹈矩，心不敢乱想，脚不敢乱走，手不敢乱动，凡事小心翼翼，中规中矩，虽然办事稳妥，但一般不会有多大出息。

跳出你的旧习惯

旧的习惯被破除，新的习惯又在产生，只是我们深信："创新是创新者的通行证，习惯是习惯者的墓志铭。"

习惯是一种思维定式，习惯是一种行动的本能。我们习惯在早已习惯的轨道上滑行，我们习惯在习惯的人与事中穿梭。这种轻车熟路的感觉让人安逸舒适，这种美好愉悦的心境让人一路上看到的净是良辰美景。

我们不想改变，因为我们曾经成功过；我们不想改变，因为我们曾经受益于这些宝贵的经验。我们在习惯中自我陶醉，在习惯中慢慢老去……

但有一天，当掌声越来越稀少、鲜花越来越暗淡，在行走的道路上出现了不可逾越的高墙时，你才蓦然发现，你曾经的骄傲早已荡然无存。

曾经的经验变成了桎梏，昔日的模式已经过时。检讨自己，你会发现很多的失误源自你的习惯、你的固守。

我们曾经习惯靠指标生产，习惯靠粮票吃饭，习惯"一张报纸一支烟，一杯浓茶耗半天"的悠闲岁月。但"社会主义市场经济"的概念，促使我们彻底改变了旧有的习惯，我们开始学会在竞争中生存，开始学会在市场中觅食。我们的命运因此而改变。

我们曾经习惯用狂轰滥炸的广告打开市场销路，习惯在酒桌上赢得订单，习惯个人英雄主义式的决策与决断，习惯身先士卒，事无巨细的工作作风……不可否认的是，这些习惯并没有妨碍你企业的成长。但是，当这些习惯不再与社会的发展产生共振，当这些习惯越来越成为你企业发展的屏障时，你必须跳出你的习惯，避免在一条道上走到黑的困境和尴尬。

尽管改变我们的习惯有困难甚至是痛苦，你也别再为自己的习惯堆砌无数的理由和美妙的词句。因为，在习惯与创新的碰撞面前，你别无选择。

跳出你的习惯，有时候你会发现眼前豁然开朗，如巨蟒蜕皮般焕然新生；跳出你的习惯，你会发现很多难解的结一下子松动，企业又开始了新的征程。

给不良习惯找个"天敌"

意识产生动机，动机产生行为，这需要有动力。改变习惯同样需要有动力，动力来自哪里？动力有哪几种呢？

一个智者把3个胆量不同的人领到了山涧的旁边，跟他们说："谁能够跳过这个山涧，我承认谁胆子大。"第一大胆的人跳了过去，得到了智者的赞美。其他两个人不跳，这时智者拿出一块金子，说谁能够跳过去他承认谁胆子大，第二大胆的人跳了过去。第三大胆的人还是不跳，这时此人后面出现了一头狮子，此人发现如果不跳会没命，一用力，也跳了过来。这3个人都能够跳过来，但使得他们能够跳过来的动力不同。

使人的行为发生的动力有两类：恐惧和诱因。行为发生了，是因为诱因足够；行为没有发生，是因为恐惧不够。如果一种习惯改变了，是因为诱因足够；如果一种习惯没有改变，则是因为恐惧不足。

恐惧比诱因具有更大的动力。你可以不为金钱利益所动，但是你害怕失去：害怕失去自由、害怕失去健康、害怕失去爱。所以马基雅维利说："恐惧比感激更能够维系忠诚。"

改变习惯需要动力，动力分为诱因或恐惧。不管是国外还是国内，在古代的时候，君主都是以武力来实现统治，即利用臣民对自己的恐惧达到统治的目的，而不是对臣民好一点，让他们产生感激来维系忠诚。因为感激是不可靠的，出于感激，人们只会在满足自己的情况下，再考虑对方。而恐惧就不一样了，它甚至可以让你先满足对方的要求，再考虑自己。

一个人要改变习惯真的很难，一个不喜欢学习的人要让他每天都去学习，他会觉得很不舒服。但是到了快要考试的时候，他就有了压力，考试不及格怎么办？如果考得好的话可以拿奖学金，对以后的推荐上研究生、出国、找工作都很有好处。面对恐惧和诱惑双重影响，他就会逼着自己改变习惯，因为他有了动力。

森林公园为了保护鹿，把狼赶走了。但是一些鹿却得病而死。得病的原因是缺少运动，为什么缺少运动？因为没有了天敌——狼，所以不用奔跑了。后来森林管理人员又把狼引进了公园，这样鹿们又恢复了健康。

给自己一点"恐惧感"和"诱因"，你的不良习惯也许就遇到了"天敌"。

播种行为，收获习惯

比尔·盖茨先生认为，是4种良好的习惯——守时、精确、坚定以及迅捷——造就了成功的人生。没有守时的习惯，你就会浪费时间、空耗生命；没有精确的习惯，你就会损害自己的信誉；没有坚定的习惯，你就无法把事情坚持到成功的那一天；而没有迅捷的习惯，原本可以帮助你赢得成功的良机，就会与你擦肩而过，而且可能永不再来。

亚伯拉罕·林肯就是通过勤奋的训练才练成了他讲话简洁、明了、有力的演讲风格。温德尔·菲利普斯也是通过艰苦的练习才练就了他那出色的思考能力和杰出的交谈能力。

常言道："播种一种行为，就会收获一种习惯；播种一种习惯，就会收获一种性格。"好的习惯主要依赖于人的自我约束，或者说是依靠人对自我欲望的否定。然而，坏的习惯却像芦苇和杂草一样，随时随地都能生长，同时它也阻碍了美德之花的成长，使一片美丽的园地变得杂草丛生。那些恶劣的习惯一朝播种，往往10年都难以清除。

当人到了25岁或30岁的时候，我们就很难发现他们会再有什么变化，除非他现在的生活与少年时相比有了巨大的改变。但令人欣慰的是，当一个人年轻的时候，尽管养成一种坏习惯很容易，但要养成一种好习惯同样容易；而且，就像恶习会在邪恶的行为中变得严重一样，良好的习惯也会在良好的行为中得到巩固与发展。

习惯的力量是一种使所有生物和所有事物都臣服在环境影响之下的法则。这个法则可能会对你有利，也可能对你不利，结果如何全由你的选择而定。

当你运用这一法则时，连同积极心态一起应用，所产生的力量是巨大的，而这就是你思考致富或实现任何你所希望的事情的根本驱动。

也许你并没有很好的天赋，但是，一旦你有了好的习惯，它一定会给你带来巨大的收益，而且可能超出你的想象。

那么，如何破除恶习，而代之以良好习惯呢？这样的改变往往在一个月内就可完成。办法如下：

（1）选择适当时间。事不宜迟，想改变习惯而又一再地拖延，你会更加害怕失败。在较为轻松的日子，所下的决心即使面临考验也较易应付，因此选择的月份应没有亲朋好友来你家小住，也没有太多限期完成的工作待办。不要选择年底，年底既要准备过节，又要赶做年终的工作，不免忙碌紧张，那种压力只会使恶习加深，令人故态复萌。

（2）运用意愿力而非意志力。习惯之所以形成，是因为潜意识把这种行为跟愉快、慰藉或满足联系起来。潜意识不属于理性思考的范畴，而是情绪活动的中心。"这种习惯会毁掉你的一生。"理智这样说，潜意识却不理会，它"害怕"放弃一种一向令它得到安慰的习惯。运用理智对抗潜意识，简直难以制胜。因此，要戒掉恶习，意志力不及意愿力有效。

（3）找个替代品。另外培养一种新的好习惯，那么破除坏习惯就会容易得多。

有两种好习惯特别有助于戒除大部分的坏习惯。第一种是采用一个有营养和调节得宜的食谱。情绪不稳定使人更依赖坏习惯所带来的慰藉，防止因不良饮食习惯而造成的血糖时升时降，有助于稳定情绪。

第二种是经常做适度运动。这不仅能促进身体健康，也会刺激脑啡（脑内一种天然类吗啡化学物质）的产生。近年来科学研究指出，慢跑的人能够感受到自然产生的"奔跑快感"，全是脑啡的作用。

（4）按部就班。一旦决定改变习惯，就拟定当月的目标。要切合实际，善于利用目标的"吸引力"。如果目标太大，就把它化整为零。

达成一项小目标时不妨自我奖励一下，借以加强目标的吸引力。

（5）切勿气馁。成功值得奖励，但失败也不必惩罚。在改变习惯的时间内如果偶有失误，不要引咎自责或放弃，一次失误不见得是故态复萌。

人们往往认为，重拾坏习惯的强烈愿望如果不能达到，终会成为破坏力量。然而只要转移注意力，即使是几分钟，那种愿望也会消散，而自制力则会因此加强。

避免重染旧习比最初戒掉时更困难。但是如果你能够把新习惯维持得越久，就越有把握不重蹈覆辙。

习惯决定命运，自控力改变习惯

甩掉"轻易放弃"的想法

俗语说："世上无难事，只怕有心人。"这个有心，就是有恒心，有了恒心，不轻言放弃，再难的事也能成功。没有恒心，遇到困难就中途放弃，则一事无成，再容易的事也会成为困难的事。

天下事最难的不过1/10，能做成的有9/10。要想成就大事大业，尤其要有恒心，要以坚忍不拔的毅力、百折不挠的精神、排除纷繁复杂的耐性、坚贞不屈的气质，作为涵养恒心的要素。

一个人之所以成功，不是上天赐给的，而是自己长期努力的结果，千万不能存有侥幸的心理。幸运、成功永远只会属于辛劳的人、有恒心不轻言放弃的人、能坚持到底的人。事业如此，德业同样如此。

"冰冻三尺，非一日之寒。"从这个自然现象中就能体现出恒心的作用来。一日曝之，十日寒之；一日而作，十日所辍。这种情况下成功的概率，几乎等于零。

现在有一种流行病，就是浮躁。许多人总想一夜成名、一夜暴富。比如，投资赚钱，不是先从小生意做起，慢慢积累资金和经验，再把生意做大，而是如赌徒一般，借钱做大投资、大生意，结果往往惨败。网络经济一度充满了泡沫。有人并没有认真研究市场，也没有认真考虑它的巨大风险性，只觉得这是一个发财成名的"大馅饼"，一口吞下去，最后没撑多久，草草倒闭，白白"烧"掉了许多钞票。

俗话说得好：滚石不生苔，坚持不懈的乌龟能快过灵巧敏捷的野兔。如果能每天学习1小时，并坚持12年，所学到的东西，一定远比坐在教室里接受4年高等教育所学到的多。正如布尔沃所说的："恒心与忍耐力是征服者的灵魂，它是人类反抗命运、个人反抗世界、灵魂反抗物质的最有力支持，它也是福音书的精髓。从社会的角度看，考虑到它对种族问题和社会制度的影响，其重要性无论怎样强调也不为过。"

大发明家爱迪生也说："我从来不做投机取巧的事情。我的发明除了照相术，没有一项是由于幸运之神的光顾而完成的。一旦我下定决心，知道应该往哪个方向努力，我就会勇往直前，一遍一遍地试验，直到产生最终的结果。"

凡事不能持之以恒，正是很多人失败的根源。所以，培养不轻言放弃的习惯对于一个渴望成功的人尤为重要。

下面的一些步骤应该对培养你的恒心有一定的帮助。

（1）合理的计划是你坚持下去的动力表。如果没计划，东一榔头西一锤子，是做不好工作的。设计合理的计划表，不仅可以理顺工作的轻重缓急，提高效率，而且可以在无形之中督促自己努力工作，按时或超额完成计划。

制订可行的工作计划和执行计划时要注意，也许你愿意用硬性的东西约束自己，或希望有充分的灵活性，甚至等自己有了灵感的时候才动工。可是万一你正好没有灵感，整个礼拜都没兴致工作的话，怎么办呢？这样下去，你就可能失去坚持下去的耐心，对自己的创造能力产生怀疑。

至少开始的时候，你可以为自己安排一段单独的时间，试验自己的专长。按照进度你会做更多的工作——如果你想出类拔萃的话；如果你给自己安排的进度并不过分，可是你还是抗拒它的话，譬如，找借口拖延工作进度，那么你就得研究一下自己的动机了。

计划的制订，将迫使你自问这个严酷的问题：我真的想做这件事吗？即使进行得不太顺利，我还是按部就班地做吗？如果答案是"是"，那么你是真的想得到成功，合理的计划表可以帮助你坚持下去。

（2）拥有越挫越勇的劲头。有的失败会转眼被我们忘记，有些挫折却会给我们留下深深的伤痛。但是，无论如何，我们都不应该因为挫折而停止前进的步伐。每个人都必须为目标奋斗。如果你不继续为一个目标奋斗，你不仅会失去信心，还会逐渐忘记自己有个目标。如果你不再继续坚持的话，就会开始怀疑自己是否能成功地实现计划所定的目标。

有时你也许会因为目前完不成一个小的目标，而改做其他的尝试，这种随便的做法是一种变相的放弃。千万不要拿困难作借口而改作另一个计划。

（3）既然有计划，就要实现它。当你坚持完成计划的要求，实现成功的目标后，你会更加坚定地做完以后的工作，这对培养你的不轻言放弃的习惯会有很大的帮助。不把事情做完的话，你会觉得自己像个没有志气的懒虫。以后如果你不敢肯定是不是能把工作完成的话，就很难再开始做一件新的事情。这是非常重要的一点，因为从事的工作可以只花几个小时，也可能花许多年工夫。不管花多少时间，你都得面临这个问题：完成这件工作呢，还是放弃它？你最好从开始就搞清楚，自己是不是真的想完成它，要不然你何必花这些心力呢？

如果你是某一领域的专业人员，你的成功目标就是成为这一领域的翘楚，那么就不能单是把计划完成，你必须把作品展示出来，接受别人的批评。不要把你的小说只给一家出版社看，如果这一家不接受的话，不要全盘放弃。你必须再接再厉，给很多家出版社看，一定要给自己的作品充分的机会。

如果你为了完成这个计划已经付出了很多，那就坚持下去，也许最艰难的时候，也是离成功最近的时候。

不要恐惧承担太多责任

我们在生活、工作中，总要承担一定的责任。责任的增加往往意味着你的权利和义务也在相应地增加。有的人会因为担心自己承担不了太多的责任而拖延工作，不肯鞭策自己做到最好。其实，更多的责任是你对自己能力的一次次考验，你可以从中发掘自己的潜力，从而更好地提升自己。

人们害怕承担太多的责任是因为担心自己做不好，但正是这种负面的思维方式才让人们放弃了很多发现自己更多能力的机会。林洁常常谈起她的理想是做一名专栏作家，但她又担心，一旦她发表了第一篇，接下来却写不出来了，或者是无法长期继续写下去时该怎么办。结果她在过去的 3 年中，什么也没写。等到她终于克服了自己的恐惧，开始动笔时，报社就增加了一个很有天赋、热爱写作的专栏作家，她的专栏大受欢迎。她也因此实现了自己梦寐以求的理想。

要知道，责任并不仅仅是我们生活中的包袱，它还意味着你还有更多的能力，你能够用另一种方式证明你自己。

有时候，我们有一些来自自身的消极暗示，这些如枷锁一样的消极暗示让我们恐惧承担更多的责任。这些消极暗示可能是我们从小就接受的根深蒂固的教育。例如，如果我们被认为是内向的人，我们就不敢当众讲话。这样，我们当众讲演的天分就会一点点丧失，我们对自己内向的观点深信不疑。我们每一次要发表自己观点的时候，这个观点就出现在我们的脑海中，于是，我们一次又一次错过了当众讲演的机会。有时候这样的消极暗示就像传家宝一样被我们秘密收藏，我们甚至会一遍又一遍自我加深。

要想克服这样的恐惧感，就要有勇气迈出第一步。哪怕是试着在小型的会议上做一个有关自己部门业绩的工作汇报，也是一次好的开始。这样，你就会开始表达自己的意见，而不是因为性格内向就不敢当众讲话。当你的这个限制被你自己打破时，你就不会再回到不敢表达自己的从前。

要知道，如果你不相信自己能做某事，不肯为它承担责任，你就会渐渐失去做这件事的能力。只有相信自己能做某事，并勇于承担起自己的责任，才能获得巨大的力量，战胜一切。

让理性代替愤怒

人，最大的坏习惯就是易怒，遇到不耐烦的事，遇到看不惯的人，没有耐心解决事情，而是大发雷霆，这样于人于己实无一益。理性地控制自己，不仅是一种修养，也是一种能力。

当一个人对自己有了正确的、全面的了解时，他也同时能以一种理性的方式去思考别人和周围的事物。环境的突变，事件的突变，他都能理智分析，泰然处之。理性的人善于控制自己，他能够很快适应周围的人。由于良好的自控能力，别人会更加尊重他。遇到可怒之事时，不妨冷静下来，平息自己的愤怒。尝试一下以下方法，也许对你有用。

（1）深呼吸。从生理上看，愤怒需要消耗大量的能量，你的头脑此时处于一种极度兴奋的状态，心跳加快，血液流动加速，这一切都要求有大量的氧气补充。深呼吸后，氧气的补充会使你的躯体处于一种平衡的状态，情绪会得到一定程度的抑制。虽然你仍然处在兴奋状态，但你已有了一定的自控能力，数次深呼吸可使你逐渐平静下来。

（2）理智分析。你将要发怒时，心里快速想一下：对方的目的何在？他也许是无意中说错了话，也许是存心想激怒你。无论哪种情况，你都不能发怒。如是前者，发怒会失去一位好朋友；如是后者，发怒正是对方所希望的，他就是要故意毁坏你的形象，你偏偏不能让他得逞！这样分析，你就会很快控制自己了。

（3）寻找共同点。虽然对方在这个问题上与你意见不同，但在别的方面你们是有共同点的。你可搁置争议，先就共同点与对方进行合作。

（4）回想美好时光。想一想你们过去亲密合作时的愉快时光，也可回忆自己的得意之事，使自己心情松弛下来。如果你仅仅是因为一个信仰上的差异而想动怒，你不妨把思绪带到一个令人快意的天地里：美丽的海滩，柔和的阳光，广阔的大海……你会觉得，人生是如此的美好，大自然是如此的广袤宽阔，人也应该有它那样的博大胸怀，不能执着于蝇头小利……想到这些，你就容易克制自己的怒气了。

（5）想想发怒后的后果。我们也许看到过交通拥挤的十字路口红绿灯失控时的"惨状"，整个路面成了车的海洋，不耐烦的司机在车里面鸣笛叫喊，喇叭声充斥于耳，整个交通处于瘫痪混乱状态，如果没有交警的管理疏导，不知道会拖延到什么时候，造成什么后果。

同样，如果一个人的情绪失控，这世界又会怎么样呢？

假如你发起脾气来，对人家发作一阵，你固然非常痛快地发泄了你的情感。但那又能怎样？他能分担你的发泄吗？你争斗的声调、仇视的态度，能使他同情你吗？

"假如你握紧双拳找上我，我想我也会不甘示弱的。"威尔逊说道，"我的拳头会握得和你一样紧。但是，假如你对我说：'让我们坐下来讨论讨论，如果我们意见不同，不同之处在哪里，问题的症结在哪里？'那么我是可以接受的。我们也许只在部分观点上不同，但大部分还是一致的。只要彼此有耐心，开诚布公，还是可以达到步调一致的。"

所以，当别人对你的缺点提出批评甚至指责时，当你和朋友为某件小事"斗嘴"时，当你一时感到生活压抑时，你一定要学会克制自己的愤怒，让你的大脑"冷却"下来，让你胸中的"惊涛骇浪"平息下来，把你的粗嗓门压下来，把你要伸出的拳头收回来……

打破自我怀疑

你生来便是冠军，现在无论有什么障碍和困难出现在你的道路上，它们都不及你在成功时所克服的障碍和困难的1/10那么大！让我们看看伊尔文·本·库柏的情况吧。他是美国最受尊敬的法官之一，但这个形象与库柏年轻时自卑的形象大相径庭。

库柏在密苏里州圣约瑟夫城一个准贫民窟里长大。他的父亲是一个裁缝，收入微薄。为了家里取暖，库柏常常拿着一个煤桶，到附近的铁路去拾煤块。库柏为必须这样做而感到困窘。他常常从后街溜出溜进，以免被放学的孩子们看到。

但是，那些孩子时常看见他。特别是有一伙孩子，常埋伏在库柏从铁路回家的路上，袭击他，以此取乐。他们常把他的煤渣撒遍街上，使他回家时一直流着眼泪。这样，库柏总是生活在恐惧和自卑中。

有一件事发生了，这种事在我们打破失败的生活方式时总是会发生的。库柏因为读了一本书，内心受到了鼓舞，从而在生活中采取了积极的行动。这本书是荷拉修·阿尔杰著的《罗伯特的奋斗》。

在这本书里，库柏读到了一个像他那样的少年奋斗的故事。那个少年遭遇了巨大的不幸，但是他以勇气和道德的力量战胜了这些不幸，库柏也希望具有这种勇气和力量。

库柏读了他所能借到的每一本荷拉修的书。当他读书的时候，他就进入了主人公的角色。整个冬天他都坐在寒冷的厨房里阅读勇敢和成功的故事，不知不觉地吸取了积极的心态。在库柏读了第一本荷拉修的书之后几个月，他又到铁路去捡煤块。过了一会儿，3个人在一个房子的后面朝他飞奔而来。他最初的想法是转身就跑，但很快他记起了他所钦佩的书中主人公的勇敢精神，于是他把煤桶握得更紧，一直向前大步走去，他犹如荷拉修书中的一个英雄。

这是一场恶战。3个男孩一起冲向库柏。库柏丢开铁桶，坚强地挥动双臂，进行抵抗，使得这3个恃强凌弱的孩子大吃一惊。库柏的右手猛击到一个孩子的嘴唇和鼻子上，左手猛击到这个孩子的胃部。这个孩子便停止打架，转身跑了，这也使库柏大吃一惊。这时，另外两个孩子正在对他进行拳打脚踢。库柏设法推开一个孩子，把另一个打倒，用膝部猛击他，而且发疯似的连击他的胃部和下颔。现在只剩下一个孩子了，他是领袖。他突然袭击库柏的头部，库柏设法站稳脚跟，把他拖到一边。这两个孩子站着，相互凝视了一会儿。

然后，这个领袖一点一点地向后退，也跑了。库柏拾起一块煤，投向那个退却者，以表示他的愤怒。

直到那时库柏才发现他的鼻子在流血，他的周身由于受到拳打脚踢，已变得青一块紫一块了。这是值得的啊！在库柏的一生中，这一天是一个重大的日子，因为他克服了恐惧。

库柏并不比一年前强壮了多少，攻击他的人也并不是不如以前那样强壮。前后不同的地方在于库柏自身的心态，他已经不再恐惧。他决定不再听凭那些恃强凌弱者的摆布。从现在起，他要改变他的世界了，他后来也的确是这样做的。

库柏给自己定下了一种身份。当他在街上痛打那3个恃强凌弱者的时候，他并不是作为受惊吓的、营养不良的库柏在战斗，而是作为荷拉修书中的人物罗伯特·卡佛代尔那样的大胆而勇敢的英雄在战斗。

把自己视为一个成功的人物，有助于打破自我怀疑束缚，这种束缚是自卑的心态经过若干年后在一种性格内逐渐形成的。另一个同等重要的、能帮助你改变你的世界的技巧是，设定一个激励你做出正确决定的形象。这种形象可以是一条标语、一幅图画或者任何别的对你有意义的象征。

卓越是一种习惯，平庸也是一种习惯

在我们的工作和生活中，有很多效率低下的例子。例如有些人只知道一味地例行公事，而不顾做事的实际效果；他们总是采取一种被动的、机械的工作方式。在这种状态下工作的人，往往缺乏主观能动性和创造性，在工作中不思进取、敷衍塞责，总是为自己找借口，无休止地拖延……

另一方面，我们也可以看到很多做事高效的例子。例如有些人做起事来注重目标，注重程序，他们在工作中往往采取一种主动而积极的方式。他们工作起来对目标和结果负责，做事有主见，善于创造性地开展工作；工作中出现困难的时候会积极地寻找办法，勇于承担责任，无论做什么总是会给自己的上司一个满意的答复。

举一个例子来说吧，某公司的一位服务秘书接到服务单，客户要装一台打印机，但服务单上没有注明是否要配插线，这时，服务秘书有3种做法：

（1）开派工单。

（2）电话提醒一下商务秘书，看是否要配插线，然后等对方回话。

（3）直接打电话给客户，询问是否要配插线，若需要，就配齐给客户送过去。

第一种做法，可能导致客户的打印机无法使用，引起客户的不满；第二种做法，可能会延误工作速度，影响服务质量；第三种做法，既能避免工作失误，又不会影响工作效率。

显然，第三种做法就是一个高效做事的例子。

高效能人士与做事缺乏效率的人的一个重要区别在于：前者是主动工作、善于思考、主动找方法的人，他们既对过程负责，又对结果负责；而后者只是被动地等待工作，敷衍塞责，遇到困难只会抱怨，寻找借口。

另外，高效能人士不仅善于高效工作，同时也深谙平衡工作与生活的艺术。他们既不会为工作所苦，也不为生活所累。他们不是一个不重结果、被动做事的"问题员工"，也不是一个执着于工作，忽视了生活、整日为效率所苦的"工作狂"。

一个游刃于工作与生活之中的高效能人士应当具备很多素质，比如"做事有目标""能够正确地思考问题""是一个解决问题的高手""重视细节""高效利用时间""勇于承担责任，不找借口""正确应对工作压力""善于把握工作与生活的平衡""善于沟通交际""拥有双赢思维"，等等。

一位哲人说过："播下一种思想，收获一种行为；播下一种行为，收获一种习惯；播下一种习惯，收获一种性格；播下一种性格，收获一种命运。"要不断提升自己的素质，做一名合格的高效能人士，就要养成正确的工作和生活的习惯。

第四章 CHAPTER 4

一生中总有一个时期需要卧薪尝胆

宝剑锋从磨砺出，梅花香自苦寒来

用耐心将冷板凳坐热

四位谋职的男士坐在某公司的会客室等待主管面试，时间一分钟一分钟地过去，第一位等得不耐烦，走了，第二位也走了，第三位及第四位仍耐心地等待着。

第三位先生为了打破沉寂的氛围，问第四位应征者："你也是来应征的？"

第四位说："不是，我是公司主管，我是来与你们面谈的！"

原来如此。理所当然，第三位被录用了。他的成功，就在于"耐心"两个字。

我们现在这个时代，浮躁之风吹拂起满天灰尘。不少人睁大眼睛，焦急地觅寻出路，结果反而迷失方向，因为尘埃吹进了他们的双眼。而有些人则耐心地闭目思考，等尘埃落定时，再伺机出动，反而成为时间的主人。时间可以考验意志，也可以滋润情谊。耐心是一种成功机制，等待有时可带来成功的时机与运气。

犹如幼鹰在蛋壳中静静地孵化，耐心赋予了生命力量；犹如蓓蕾在枝头上悄悄地守候，耐心给予了生命美丽。

许多人都知道，在非洲极其干旱的沙漠之中，生长着一种神圣的花朵——依米花，让人惊叹的是，一株依米花为了积聚开放所需要的水分，竟需要耐心地等待四五年。

然后，在吸足蓓蕾所需要的全部水分和养分后，它开花了。这是世界上最艳丽的花朵，美得惊心动魄，似乎把整个荒漠都照亮了。

能够年少成名当然好，就如人们常说的，出名要趁早，可是具有天赋的人毕竟是少数，我们很多人都需要经过较长时间的努力才会在自己的领域有所得、有所获。

正如"台上十分钟，台下十年功"，成功之前往往需要经历长时间的寂寞与艰苦跋涉。那些奥运赛场上的冠军，无一不是多年苦练的结晶。就连诺贝尔奖的各项得主，也有不少是在古稀甚至是耄耋之年才获此殊荣的。

可遗憾的是，许多人耐不住寂寞，他们浮躁、急功近利，总是想着一步登天。他们在乎的不是历练和经验，而是结果，最好是能一夜成名。这样的人缺乏坚定的目标感，缺乏踏踏实实和持之以恒的心态，太急于求成，最后往往难以有所成就。

我们不得不正视这样一个现实，当今社会由于信息的轰炸、各种欲望与成功的诱惑，让现代人目不暇接，不少人认为人生苦短，没有时间去等待，于是烦躁的心态、急功近利的想法常常让现代人焦虑不安。

一天建不成罗马，一步到不了长城，一夜成功的机会更是少之又少。在人生的征途上，我们需要用耐心和毅力去忍受和改变刚进社会时的无知与无人喝彩，用耐心和毅力去面对社会对你的熏陶和锤炼。事实上，命运对谁都是公平的，而有人什么也没找到，有人却找到了很多，这并非后者更幸运，关键是他更能努力、更能坚持。

将等待进行到底，才有翻牌的机会

迟了半分钟下楼，远远望见巴士就在自己眼前开走，下一班车，起码要再等15分钟，虽无奈，但你不得不等。

生活中，等待是常事。出行等巴士、吃饭等座位、排队等过关……等待，浪费了多少光阴，消耗了多少耐性，但你又不得不等。

对于小孩而言，等待相对简单：等待放假父母陪他玩、等待一年一度的生日礼物、等待一切新奇事物的出现……

但是对于大人而言，等待的结果可能出人意料：一个女孩终于和恋人交友、结婚。哪晓得两人真正生活在一起没多久，就闹离婚。难道，她的等待只是为了分离？

有人等待昙花一现。虽然那美丽的花开是那么短暂，但只要亲眼一见，也就无憾。事实上，在现实生活中，我们常常等不到铁树开花，更等不到天上掉下馅饼，当你整天坐在那里等待，等来的是岁月的流逝，是皱纹爬上额头，是心里深深的懊恼……

我们总幻想机会将眷顾自己，总坐在原地等待，机会却不会主动出现；机会要靠人积极寻找，要靠人像猎鹰一样去攫取。所以，等待也并不是消极等待。

记得听过这样一句话：每个人都是独一无二的，上帝造你出来，不是让你躲在角落里等待和哭泣，而是要扬帆出海，尝试各种可能性，开拓美好的人生。

但是，生活中有些事却是必须耐心等待的：春天播下粒粒种子，等待秋天收成硕果；抚养一个孩子，等待他长大成人，目送他出外闯荡，等待他疲惫时回家疗伤；你一生辛勤耕耘，当年老的时候，你将有资格等待岁月的馈赠。

慢慢地我们会体会到，等待其实是一种智慧。

因为等待带来的是无尽的希望。实际上，只有耐心等待的人，才会在失败后重新崛起，打个漂亮的翻身仗。

等待是一种希望。在寒冷的冬天，我们会安静地等待温暖的春天；在很多次失败后，我们会坚持等待下一次的成功；在犯了不该犯的错误后，我们会真诚地等待别人的谅解，这便是我们对生活的希望。

等待是一种情感。当你出门在外的时候，亲人在家默默地等待你的归来；当你犯下错误，亲人耐心地等待你改过自新；当你受到伤害，亲人在默默地等待你的痊愈。这便是亲人对你的情感。

等待也是一种责任。当爱人与你每说一句话的时候，他在等待你的回答；当爱人每给你发送一封邮件的时候，他在等待你的回复；当爱人每为你做一件事情的时候，他在等待你的评价。这便是爱人对我们的责任。

因此，我们不能说等待是一种悲伤，是一种疼痛，是一种无奈，有时候，它是一种被我们忽略的美好和喜悦。

脚踏实地是最好的选择

当我们不具备成功的天赋时，只有脚踏实地，才能让自己站稳脚跟。正如山崖上的松柏，经过无数暴风雪的洗礼，只有坚定地扎根于土地，才能长成坚韧的大树。

一个人若不敢向命运挑战，不敢在生活中开创自己的蓝天，命运给予他的也许仅是一个枯井，举目所见将只是蛛网和尘埃，充耳所闻的也只是唧唧虫鸣。

所以，成功需要付出，希望需要汗水来实现，人生需要勤奋来铸就。

在美国，有无数感人肺腑、催人奋进的故事，主人公胸怀大志，尽管他们出身卑微，但他们以顽强的意志、勤奋的精神努力奋斗，锲而不舍，最终获得了成功。林肯就是其中的一位。

幼年时代，林肯住在一所极其简陋的茅草屋里，没有窗户，也没有地板，以当代人的居住标准来看，他简直就是生活在荒郊野外。但是他并没放弃希望，为了希望他流再多的汗水也不会后悔。当时他的住所离学校非常远，一些生活必需品都相当缺乏，更谈不上可供阅读的报纸和书籍了。然而，就是在这种情况下，他每天还持之以恒地走二三十里路去上学。晚上，他只能靠着木柴燃烧发出的微弱火光来阅读……

众所周知，林肯成长于艰苦的环境中，只受过一年的学校教育，但他努力奋斗、自强不息，最终成为美国历史上最伟大的总统之一。

任何人都要经过不懈努力才可能有所收获。世界上没有机缘巧合这样的事存在，唯有脚踏实地、努力奋斗才能收获美丽的奇迹。

亨利·福特从一所普通的大学毕业之后，便开始四处奔波求职，但均以失败告终。福特没有丧失对生活的希望，他依旧信心十足，自强不息、永不气馁。

为了找一份好工作，他四处奔走。为了拥有一间安静、宽敞的实验室，他和妻子经常搬家。短短的几年时间里，夫妻俩到底搬过几次家连他们自己也说不清了，但他们依旧乐此不疲。因为每一次搬迁，夫妇俩都有新的收获。贫困和挫折不仅磨炼了福特坚韧的性格，也锻炼了他的耐力和恒心，更使他有机会熟悉社会、了解人生，为未来新的冲刺做好了思想和技术的准备。

尽管贫困和挫折给他增添了不少的麻烦，但为了理想福特依然勤奋努力着，依然奋力拼搏着。功夫不负有心人，福特自强不息的精神和奋不顾身的打拼终于得到了回报。他应聘到爱迪生照明公司主发电站负责修理蒸气引擎，终于实现了自己的心愿。不久，他又因为工作出色，被提升为主管工程师。

坚定自强不息的信念，让它深深地根植于你的心中，它就会激发你各方面的潜能，使你勇敢面对工作中的一切困难和障碍。

努力把自己的事做得更好，就是一种创造！厨师把菜做得更美味可口，裁缝把衣服做得更美观耐穿，建筑师盖出更舒适的房屋，司机开车更安全，作家努力写出更好的文章，都会为自己带来幸运，同时也为他人带来幸福。

无论是在生活中还是在工作中，都需要我们脚踏实地，时时衡量自己的实力，不断调整自己的方向，一步一步达到自己的目标。

人生有各种各样的舞台，但最能展现你才华的舞台，却只有一个。只有准确地选择这个舞台，脚踏实地地干下去，你的才华才能得到更好的发挥，从而实现自己的人生梦想。

沉住气，成大器

随着 CPI（居民消费价格指数）上涨、房价暴涨、股市暴跌，在我们的心灵深处，总有一种力量使我们茫然不安，让我们无法宁静，这种力量叫浮躁。"浮躁"在字典里解释为："急躁，不沉稳。"浮躁常常表现为：心浮气躁，心神不宁；自寻烦恼，喜怒无常；见异思迁，盲动冒险；患得患失，不安分守己；这山望着那山高，既要鱼也要熊掌；静不下心来，耐不住寂寞，稍不如意就轻易放弃，从来不肯为一件事倾尽全力。

很多人都想成功，却总是被成功拒之门外。

有一个人叫小付，他看到有人要将一块木板钉在树上，便走过去管闲事，想要帮那个人一把。小付对那人说："你应该先把木板头子锯掉再钉上去。"于是，小付找来锯子，但没锯两三下又撒手了，想把锯子磨快些。于是他又去找锉刀，接着又发现必须先在锉刀上安一个顺手的手柄。于是，他又去灌木丛中寻找小树，可砍树又得先磨快斧头……

后来人们发现，小付无论学什么都是半途而废。小付从未获得过什么学位，他所受的教育也始终没有用武之地，但他的祖辈为他留下了一些本钱。他拿出10万元投资办一家煤气厂，可造煤气所需的煤炭价钱昂贵，这使他大为亏本。于是，他以9万元的售价把煤气厂转让出去，开办起煤矿来。可又不走运，因为采矿机械的耗资大得吓人。因此，小付把在矿里拥有的股份变卖成8万元，转入了煤矿机器制造业。从那以后，他便像一个滑冰者，在有关的各种工业部门中滑进滑出，没完没了。

正如小付困惑的那样，为什么自己付出那么多，终究一事无成呢？答案很简单，小付总是这山望着那山高，急于追求更高的目标，而不是在一个既定的目标上下功夫。要知道，摩天大厦也是从打地基开始的。小付这种浮躁的心态只能导致他最后落个两手空空。

很多人在做事情的时候不能静下心来扎扎实实地从基础开始，总是觉得踏踏实实地做事情的方法很笨，于是做什么事情都求快，想以最小的付出获得最大的利益，浮躁的心态让人不会专注地做一件事情，所以也就很难成功。在人生的牌局中，要想赢牌，浮躁就是最大的敌人。

《士兵突击》中，许三多显然是一个"异类"，他不明白做人做事为什么要如此复杂，一切投机取巧、偷奸耍滑的世故做法，他都做不来，或者根本就没有想过。他有的只是本性的憨厚与刻入骨髓的执着。他做每一件小事都像抓住一根救命稻草一样，投入自己所有的能量和智慧，把事情做到最好，他这样做并不是为了得到旁人的赞赏与关注，只是因为这是有意义的。他面对困难从来不说"放弃"，而是默默地承受，慢慢地解决，毫无抱怨，绝不气馁。当一个又一个问题被他以执着的劲头解决之后，他俨然成长为了一个巨人。他不会面对诱惑放弃忠诚，当老A部队的队长向他发出邀请时，许三多用一句"我是钢七连的第4956个兵"作出了态度鲜明的回答。

"许三多"已成为家喻户晓的人物形象，他被定格为一种沉稳、踏实的文化符号，成为"浮躁"的反义词。如果我们能安下心来认真做一件事情，就没有做不好的。很多人开始做事情时会满腔热血，但慢慢地这种热情会消退，最后就会被完全放弃。是什么原因让那么多人半途而废呢？是急于求成、不愿直面困难的浮躁心理。很多人好高骛远，总是急于看到事情的结果，而不能忍受事情完成的过程，当他们觉得这些事情没有意义时，于是选择了放弃。

古往今来，那些成大器者，无不是沉稳、干练、能够耐得住寂寞的人。

在当今中国市场经济的大背景下，很少有人能按捺住自己一颗烦躁的心，守住自己可贵的孤独与寂寞，而变得越发盲目和急功近利。浮躁是一种情绪，一种并不可取的生活态度。人浮躁了，会终日处在又忙又烦的应急状态中，脾气会暴躁，神经会紧绷，长久下来，会被生活的急流所挟裹。凡成事者，要心存高远，更要脚踏实地，这个道理并不难懂。

踏实、沉稳，心平气和、不急不躁，抛开浮躁的心态，从身边的小事做起，脚踏实地地坚持，坚忍不拔地努力，我们才有可能达成人生的目标，走到成功的那一步。

纵观现实生活，灯红酒绿，歌舞升平，可谓热闹非凡。但生活终将归于平静，每个人也将归于平淡。耐得住寂寞，平淡对待得失，冷眼看尽繁华，在人生的历练中，是一种气度与志向。但愿"守得住寂寞"不只是当下的一句警世通言，更是每个人的自觉行为。

辉煌的背后，总有一颗努力拼搏的心

2009 年的春节联欢晚会上，和小品大师赵本山一起合作表演小品《不差钱》的演员"小沈阳"沈鹤，一夜之间红遍中国。他的那几句台词也成为很多人模仿的样本："人这一生其实可短暂了，有时候一想跟睡觉是一样儿一样儿的。眼睛一闭，一睁，一天过去了，眼睛一闭，不睁，这一辈子就过去了。""人不能把钱看得太重，钱乃身外之物。人生最痛苦的事情你知道是什么吗？人死了，钱没花了。"

沈鹤靠着春晚迅速蹿红，一时之间全国各大媒体上都会看见小沈阳的影子，不论是赞扬的还是质疑的，但无可厚非的一个事实就是他的表演起码已经被大部分的电视观众所接受。这么快的蹿红对于一个艺人来说是求之不得的事情，但是在光鲜的背后，小沈阳也有着心酸的回忆。

小沈阳家境贫寒，他很早就辍学了。为了将来有口饭吃，他曾经学过武术，但发现不适合自己，最终他选择了二人转，报考了铁岭县剧团。学成之后，他又去了长春小剧场进行表演，这一演就是七年。七年之后，赵本山接纳了他，收他为徒，从此他跟着赵本山认真学艺，直到2009年被更多的人认识。

早在2008年的时候，沈鹤其实已经"进军"春晚，但是几个回合下来，他的节目被刷下来了。而他的节目本来打算上央视的元宵晚会，但是又临时被取消了，当时的沈鹤这样对自己说，连大艺术家都有被刷下的可能，更何况自己呢？他依旧努力跟师傅赵本山学习二人转，学习表演。直到2009年，他终于踏入春晚的大门，并且真正地红了。

如今的小沈阳是令人羡慕的，就像有人说的那样，很多人关心的只是我们跑得快不快，而很少有人关心我们跑得累不累。在这一行，如果出名了，你大红大紫；如果不出名，那么，便只是一个默默在后面跑台的小角色，不会有人注意你，你的去留没有人在乎。所以，在每一个出人头地者的背后，不知道隐藏了多少委屈和艰辛的泪水。

香港喜剧大王周星驰也是一样，在成名之前，他自己一个人默默地奋斗着，对于自己追逐的梦想从没想过要放弃。在他的好友梁朝伟已经春风得意的时候，他却在《射雕英雄传》里饰演一个刚一出场就被打死的士兵。他甚至问导演，在死之前伸出手去挡一下可以吗？

他在演艺这条道路上默默地前行、摸索。今天的周星驰已不可同日而语，他算得上是香港电影史上的里程碑，他开创了周氏幽默。凡是讲到香港电影史，一定不能落下周星驰的电影，它是一个时代的标志，是香港喜剧的集大成者。

那些仍然在黑暗中努力拼搏的人们，千万不要丧失了信心，失去前进的动力。任何成功都充满着艰辛，或许，再坚持一会儿，你就会看到前面灿烂的阳光；或许再坚持一会儿，人生就会改变。

许多人做事时非常努力，却坚持不到最后。其实，若心中有梦，总会有实现的那一天，哪怕现在我们仍在黑暗中摸爬滚打，哪怕别人认为我们现在是如何的不起眼，没有关系，只要自己相信自己，付出努力，坚持向着梦想的方向努力，就会让我们心中的幼芽开花、结果。

人生在世，要有所为，有所不为，选准自己的目标，踏踏实实地去做，不要被别人的成功晃花眼睛，不要被别人的成功搞得三心二意，争一时之长短，计一时之得失，更不要为眼前的蝇头小利所迷惑。

大收获必须付出长久努力

幸运、成功永远只能属于辛劳的人，有恒心不易变动的人，能坚持到底、绝不轻言放弃的人。

耐性与恒心是实现目标过程中不可缺少的条件，是发挥潜能的必要因素。耐性、恒心与追求结合之后，形成了百折不挠的巨大力量。

一位青年问著名的小提琴家格拉迪尼："你用了多长时间学琴？"格拉迪尼回答："20 年，每天 12 小时。"

我们与大千世界相比，或许微不足道，不为人知，但是我们能够耐心地增长自己的学识和能力，当我们成熟的那一刻、一展所能的那一刻，将会有惊人的成就。正如布尔沃所说的："恒心与忍耐力是征服者的灵魂，它是人类反抗命运、个人反抗世界、灵魂反抗物质的最有力支持。从社会的角度看，考虑到它对种族问题和社会制度的影响，其重要性无论怎样强调也不为过。"

凡事没有耐性，耐不住寂寞，不能持之以恒，正是很多人最后失败的原因。英国诗人布朗宁写道：

实事求是的人要找一件小事做，

找到事情就去做。

空腹高心的人要找一件大事做，

没有找到则身已故。

实事求是的人做了一件又一件，

不久就做一百件。

空腹高心的人一下要做百万件，

结果一件也未实现。

拥有耐力和恒心，虽然不一定能使我们事事成功，但却绝不会令我们事事失败。古巴比伦富翁拥有恒久的财富秘诀之一，便是保持足够的耐心，坚定发财的意志，所以他才有能力建设自己的家园。任何成就都来源于持久不懈的努力，要把人生看作一场持久的马拉松。整个过程虽然很漫长、很劳累，但在挥洒汗水的时候，我们已经慢慢接近了成功的终点。半路放弃，我们就必须要找到新的起点，那样我们只会更加迷失，可是如果能坚持原路行进，终点不会弃我们而去。也许，我们每个人的心里都有一个执着的愿望，只是一不小心把它丢失在了时间的蹉跎里，让天下间最容易的事变成了最难的事。然而，天下事最难的不过十分之一，能做成的有十分之九。要想成就大事大业的人，尤其要有恒心来成就它，要以坚忍不拔的毅力、百折不挠的精神、排除纷繁复杂的耐性、坚贞不变的气质，作为涵养恒心的要素，去实现人生的目标。

人生像一场马拉松赛跑，有耐力能支持到最后的就是成功者，中途脱队倒下都不行。只要我们有恒心达到目标，比别人慢没有关系，到终点时一样会有人为我们鼓掌。

不是每一次播种都有收获

并不是你的每一分努力都会收到效果，并不是你的每一次坚持都会有人看到，并不是你每一点付出都能得到回报，并不是你的每一个善意都能被理解……也许这就是世道。有很多时候，人需要一点耐心，一点信心。每个人总会轮到几次不公平的事情，而通常情况下，耐心等待是最好的应对办法。

有很多时候我们需要等待，需要耐得住寂寞，等待属于自己的那一刻。周润发等待过，刘德华等待过，周星驰等待过，王菲等待过，张艺谋也等待过……看到了他们如今的功成名就的，你可曾看到当初他们的等待和耐心？你可曾看到金马奖影帝在街边摆地摊？你可曾看到德云社一群人在剧场里给一位观众说相声？你可曾看到周星驰当年的角色甚至连一句台词都没有？每一个成功者都有一段低沉苦闷的日子，闭上眼睛，几乎就能想象得出来他们当年借酒浇愁的样子，也可以想象得出他们为了生存而挣扎的窘迫。在他们一生中最灿烂美好的日子里，他们渴望成功，但却两手空空，一如现在的你。没有人保证他们将来一定会成功，而他们选择的是耐住寂寞。如果当时的他们总念叨着"成功只是属于特权阶级的"，那么他们今天会有如此的成就吗？

人总是会遇到挫折，总是会有低潮，总是会有不被人理解的时候，总是有要低声下气的时候，而这些恰恰是人生最关键的时候，因为大家都会碰到挫折，而大多数人过不了这个门槛，你能过，你就成功了。在这样的时刻，我们需要耐心等待，满怀信心地去等待，相信生活不会放弃你，机会总会来的。至少，还年轻，有什么可怕的呢？路要一步步走，虽然到达终点的那一步很激动人心，但大部分的脚步是平凡甚至枯燥的，但没有这些脚步，或者耐不住这些平凡枯燥，你终归是无法迎来最后的那些激动人心。

逆境，是上帝派来淘汰不合格者的帮手。要知道，你不好受，别人也不好受，你坚持不下去了，别人也一样，当遇到困境的时候千万不要告诉别人你坚持不住了，那只能让别人获得坚持的信心，让竞争者微笑地看着你失去信心，退出比赛。胜利永远属于那些在寂寞中能够沉得住气的人。在最绝望的时候，去看看电影《The Pursuit of Happiness》（《当幸福来敲门》）、《Jerry Maguire》《甜心先生》，让自己重新鼓起勇气吧。因为无论什么时候，我们总还是有希望。即便是所有的人都失去了希望，我们也不可以对自己失去信心。

现代人为什么迷失，为什么找不到自己？这不仅是因为我们太过于浮躁、太过于追求外在的感觉了，更重要的原因是我们在繁华喧闹的社会中失去了真正的自己。一个人如果不能看清真实的自己，就会使自己产生一种飘忽不定、没有方向、没有目的的感觉。

低谷时不放弃，在寂寞中悄然突破

———————

低谷的短暂停留，是为了向更高峰攀登

随着最后一棒雷扎克触壁，美国队在北京奥运会游泳男子4×100米混合泳接力比赛中夺冠了，并打破了世界纪录！泳池旁的菲尔普斯激动得跳起来，和队友们紧紧拥抱在一起。这也是菲尔普斯本人在北京奥运会上夺得的第8枚金牌，可谓是前无古人。菲尔普斯已经彻底超越了施皮茨，成为奥运会的新王者。

如果说一个人的一生就像一条曲线，那么，北京奥运会上的菲尔普斯无疑达到了人生的一个新高峰；如果说一个人的一生就像四季轮回，那么，北京奥运会上的菲尔普斯必定是处在灿烂热烈、光芒四射的夏季。在2008年北京的水立方，菲尔普斯创造了令人大为惊叹的8金神话，无比荣耀地登上了他人生的巅峰。

而2009年2月初，当北半球大部分国家还被冬天的低温笼罩时，从美国传出了一条让菲迷们更觉冰冷的消息，菲尔普斯吸食大麻！

菲迷们伤心了，媒体哗然了，菲尔普斯竟以"大麻门"的方式再次让人们瞠目结舌。

北京奥运会后，菲尔普斯完全放弃了训练，流连于各个俱乐部、夜店，继而沉醉于赌城拉斯维加斯豪赌，私生活可谓糜烂。他也不再严格控制饮食，导致体重增加了至少6公斤。《纽约时报》说，"这是有史以来最胖的菲尔普斯，他更像是明星，而不是运动员"。

尽管"大麻门"曝光后，菲尔普斯痛心疾首，向公众真诚致歉并表示会痛改前非，很多热爱飞鱼的菲迷们都采取了宽容的态度，美国泳协也仅对菲尔普斯禁赛三个月。但事情既然发生，就不得不引发人们深深的思考。

相比于风光无限的2008年夏季，2008年底到2009年初，菲尔普斯似乎在走下坡路，他人生也似乎走进了寒冷的冬季。喜欢他的人们帮他解脱，比如年少无知、交友不慎，比如生活单调、压力过大。其实和菲尔普斯相比，现实生活中很多人的生活轨迹又何尝不是如此呢，春风得意，自我膨胀，然后屡犯错误，最后跌入人生的低谷。无论是主观原因还是客观因素，成功的背后总会有失败的影子，得意过后总会伴着失意，有顺境就有逆境，有春天也会有冬季，这似乎是人生无可置疑的辩证法。

人生就像四季，有着寒暑之分，也会有冷暖交替的变化。情场失意、工作不得志、与家人无法沟通、在同事中不被认同、亲人病危……当我们面临人生的"冬季"时，不可避免地会陷入情绪的低潮，并经常在低潮与清醒中来回摇摆。其实，当一个人处于人生中的"冬季"时，正是好好反省、重新认识自己的时候。

当然，一般人也想过解决这样的问题，有人尝试各种各样的方法，只是到了最后，还是不忘提醒自己："书上写的、朋友说的我都懂，不过，懂是一回事，能不能做到又是另外一回事！"就这样，不是畏惧改变，就是不甘于等待，而错失了反省自己的机会！

人在顺境时得意是非常自然的事情，但是能在低谷中苦中寻乐，或是让心情归于平静去认识平常疏于了解的自己，能帮助自己成长。

生活中的"冬季"就像开车遇到红灯一样，短暂的停留是为了让你放松，甚至可以看看是否走错了方向。人生是长途旅行，如果没有这种短暂的休息，也就无法精力充沛地继续未完的旅程。生命有高潮也有低谷，低谷的短暂停留是为了整顿自我，向更高峰攀登。

有一种成功叫锲而不舍

德国伟大诗人歌德在《浮士德》中说："始终坚持不懈的人，最终必然能够成功。"人生的较量就是意志与智慧的较量，轻言放弃的人注定不是成功的人。

约翰尼·卡许早就有一个梦想——当一名歌手。参军后，他买了自己有生以来的第一把吉他。他开始自学弹吉他，并练习唱歌，他甚至创作了一些歌曲。服役期满后，他开始努力工作以实现当一名歌手的夙愿，可他没能马上成功。没人请他唱歌，就连电台唱片音乐书目广播员的职位他也没能得到。他只得靠挨家挨户推销各种生活用品维持生计，不过他还是坚持练唱。他组织了一个小型的歌唱小组在各个教堂、小镇上巡回演出，为歌迷们演唱。最后，他灌制的一张唱片奠定了他音乐工作的基础。他吸引了两万名以上的歌迷，金钱、荣誉、在全国电视屏幕上露面——所有这一切都属于他了。他对自己深信不疑，这使他获得了成功。

接着，卡许经受了第二次考验。经过几年的巡回演出，他被那些狂热的歌迷拖垮了，晚上须服安眠药才能入睡，而且要吃些"兴奋剂"来维持第二天的精神状态。他沾染上了一些恶习——酗酒、服用催眠镇静药和刺激兴奋性药物。他的恶习日渐严重，以致对自己失去了控制能力。他不是出现在舞台上，而是更多地出现在监狱里。到了1967年，他每天须吃一百多片药。

一天早晨，当他从佐治亚州的一所监狱刑满出狱时，一位行政司法长官对他说："约翰尼·卡许，我今天要把你的钱和麻醉药都还给你，因为你比别人更明白你能充分自由地选择自己想干的事。看，这就是你的钱和药片，你现在就把这些药片扔掉吧，否则，你就去麻醉自己，毁灭自己。你选择吧！"

卡许选择了生活。他又一次对自己的能力做了肯定，深信自己能再次成功。他回到纳什维利，并找到他的私人医生。医生不太相信他，认为他很难改掉服麻醉药的坏毛病，医生告诉他："戒毒瘾比找上帝还难。"

他并没有被医生的话吓倒，他知道"上帝"就在他心中，他决心"找到上帝"，尽管这在别人看来几乎不可能。他开始了他的第二次奋斗。

他把自己锁在卧室闭门不出，一心一意要根绝毒瘾，为此他忍受了巨大的痛苦，经常做噩梦。后来在回忆这段往事时，他说，他总是觉得昏昏沉沉，好像身体里有许多玻璃球在膨胀，突然一声爆响，只觉得全身布满了玻璃碎片。当时摆在他面前的，一边是麻醉药的引诱，另一边是他奋斗目标的召唤，结果后者占了上风。九个星期以后，他恢复到原来的样子了，睡觉不再做噩梦。

他努力实现自己的计划，几个月后，他重返舞台，再次引吭高歌。他不停息地奋斗，终于再一次成为超级歌星。

卡许的成功来源于什么？很简单，坚持。

一个人身处困境之中，不自强永远也不会有出头之日，仅仅一时的自强而不能长期坚持，也不会走上成功之路。因此，坚持不懈地自强，才是扭转命运的根本力量。

古希腊哲人苏格拉底说："许多赛跑者的失败，都是失败在最后几步。跑'应跑的路'已经不容易，'跑到尽头'当然更困难。"一个人的成功往往来自内心的一种坚持，虽然每个人的境遇完全不同，可是他们都没有放弃自己内心的追求！这一点点坚持使他们在竞争中成为真正的赢家！

要怀有成为珍珠的信念

在日本有一个学业优秀的青年，去一家大公司应聘，结果没被录用。这位青年得知这一消息后，深感绝望，顿生轻生之念，幸亏抢救及时，自杀未遂。不久传来消息，他的考试成绩名列榜首，是统计考分时电脑出了差错，他被公司录用了。但很快又传来消息，说他又被公司解聘了，理由是一个人连如此小的打击都承受不起，又怎么能在今后的岗位上建功立业呢？

在我们的周围，有很多人之所以没有成功，并不是因为他们缺少智慧，而是因为他们面对事情的艰难没有做下去的勇气，他们自认为已陷入绝境，只知道悲观失望。

而有的人却恰恰相反，他们面对失败从不气馁，而是以百折不挠的精神向目标不断前进。

有一位穷困潦倒的年轻人，身上全部的钱加起来也不够买一件像样的西服。但他仍全心全意地坚持着自己心中的梦想，他想做演员，当电影明星。好莱坞当时共有500家电影公司，他根据自己仔细划定的路线与排列好的名单顺序，带着为自己量身定做的剧本前去一一拜访，但第一遍拜访下来，500家电影公司没有一家愿意聘用他。

面对无情的拒绝，他没有灰心，从最后一家被拒绝的电影公司出来之后不久，他就又从第一家开始了他的第二轮拜访与自我推荐。第二轮拜访也以失败而告终。第三轮的拜访结果仍与第二轮相同。但这位年轻人没有放弃，不久后又咬牙开始了他的第四轮拜访。当拜访到第350家电影公司时，老板竟破天荒地答应让他留下剧本先看一看。他欣喜若狂。几天后，他获得通知，请他前去详细商谈。就在这次商谈中，这家公司决定投资开拍这部电影，并请他担任自己所写剧本中的男主角。不久这部电影问世了，名叫《洛奇》。这位年轻人的名字就叫史泰龙，后来他成了红遍全世界的巨星。

其实，陷入绝望的境地往往是对今后的路没有信心，或者是对曾经得到而又失去的东西感到痛心，所以有人会因此而绝望。人常说，"绝境逢生"，这个词能够出现就有它出现的道理，很多时候，有些事情看起来是没有回旋的余地了，但只要不放弃，很可能就会出现转机。

常言道："留得青山在，不怕没柴烧。"任何时候，只要人在就有希望，遇到任何处境都不至于绝望，流过血，流过泪，付出了汗水，痛哭过后，擦干眼泪，一切可以重新开始。

所以，不论是遇到什么事情，不论事情在现在看来是如何的糟糕，千万不要以为没有了办法，也不要因为一次失败就认为自己无能，每一个人几乎都是由不断失败，再不断爬起来才获得成功的。或者每当觉得开始绝望的时候，多鼓励自己再试一次，再试一次很可能让自己跨越了苦难的沼泽地，给自己一个机会，生活的机会才会留给自己。

其实，人生没有绝望的处境，只有对处境绝望的人。即使自己是一粒细沙，也要相信自己能够成为一颗珍珠。只有抱着这样的信念，我们才能走向成功。

冬天里会有绿意，绝境中也会有生机

我们知道，事情的发展往往具有两面性，犹如每一枚硬币总有正反面一样，失败的背后可能是成功，危机的背后也有转机。

1974年第一次石油危机引发经济衰退时，世界运输业普遍不景气，但当时美国的特德·阿里森家族却收购了一艘邮轮，成立嘉年华邮轮公司，后来这家公司成为世界上最大的超级豪华邮轮公司。世界最大的钢铁集团米塔尔公司，在20世纪90年代末世界钢铁行业不景气的时候，进行了首次大规模兼并，然后迅速扩张起来。所以说，危机中有商机，挑战中有机遇，艰难的经济发展阶段对企业来说是充满机会的，对企业如此，对个人、对民族、对国家也是如此。

2008年经济危机爆发后，美国很多商业机构和场所顿时萧条了，但酒吧的生意却悄悄地红火起来。原来，精明的酒商们发现美国人开始越来越喜欢喝战前禁酒令时期以及大萧条时期的酒品，比如由白兰地、橘味酒和柠檬汁调制成的赛德卡鸡尾酒。酒商们迅速嗅出了新商机，推出了一款改进的老牌鸡尾酒。美国一个酒业资深人士指出，人们在困难时期，往往会从熟悉的东西那里寻求安慰，老式鸡尾酒自然而然会走俏。这种酒品，不仅让酒商们大赚了一笔，而且还能使疲于应对经济危机的美国人民得到慰藉。

"危中有机，化危为机。"一些中外专家认为，如果危机处置得当，金融风暴也有可能成为个人、企业或国家迅速发展的机遇。所以，冬天里会有绿意，绝境里也会有生机。

危机之下，谁都不希望面临绝境，但绝境意外来临时，我们挡也挡不住，与其怨天尤人，还不如奋力一搏，说不定，还会创造一个奇迹。

有人说过这样一句话："瀑布之所以能在绝处创造奇观，是因为它有绝处求生的勇气和智慧。"其实我们每个人都像瀑布一样，在平静的溪谷中流淌时，波澜不惊，看不出蕴涵着多大的力量。往往当我们身处绝境时，才能将这种力量开发出来。

下面是一个在绝境里求生存的真实故事：

第二次世界大战期间，有位苏联士兵驾驶一辆苏HE式重型坦克，非常勇猛，一马当先地冲入了德军的心腹重地。这一下虽然把敌军打得抱头鼠窜，但他自己渐渐脱离了大部队。

就在这时，突然轰隆隆一声，他的坦克陷入了德军阵地中的一条防坦克深沟之中，顿时熄了火，动弹不得。

这时，德军纷纷围了上来，大喊着："俄国佬，投降吧！"

刚刚还在战场上咆哮的重型坦克，一下子变成了敌人的瓮中之物。

苏联士兵宁死也不肯投降，但是现实一点也不容乐观，他正处于束手待毙的绝境中。

突然，苏军的坦克里传出了"砰砰砰"的几声枪响，接着就是死一般的沉寂。看来苏联士兵在坦克中自杀了。

德军很高兴，就去弄了辆坦克来拉苏军的坦克，想把它拖回自己的堡垒。可是德军这辆坦克吨位太轻，拉不动苏军的庞然大物，于是德军又弄了一辆坦克来拉。

两辆德军坦克拉着苏军坦克出了壕沟。突然，苏军的坦克发动起来，它没有被德军坦克拉走，反而拉走了德军的坦克。

德军惊惶失措，纷纷开枪射向苏军坦克，但子弹打在钢板上，只打出一个个浅浅的坑洼，奈何它不得。那两辆被拖走的德军坦克，因为目标近在咫尺，无法发挥火力，只好像驯服的羔羊，乖乖地被拖到苏军阵地。

原来，苏联士兵并没有自杀，而是在那种绝境中，被逼得想出了一个绝妙的办法。他以静制动，后发制人，让德军坦克将他的坦克拖出深沟，然后凭着自身强劲的马力，反而俘虏了两辆德军坦克。

其实，每个人皆是如此，虽然我们的生活并不会时时面临枪林弹雨，但总有身处绝境的时候，每当此时，我们往往会产生爆发力，而正是这种爆发力将我们的力量激发出来了。所以，面临绝境的时候，不要灰心，不要气馁，更不要坐以待毙，勇往直前，无所畏惧，你我都可以"杀出一条血路"。

黎明前的夜是最黑的，只要我们在漆黑的夜中能看到一线曙光，那么，我们就要相信光明总会到来。事情总会有转机，不要消沉，不要一蹶不振，用阳光武装自己，相信船到桥头自然直，相信大雨过后天会更蓝。

坚守寂寞，坚持梦想

当你面对人类的一切伟大成就的时候，你是否想到过，曾经为了创造这一切而经历过无数寂寞的日夜，他们不得不选择与寂寞结伴而行，有了此时的寂寞，才能获得自己苦苦追求的似锦前程。

很多时候成功不是一蹴而就的，要经过很多磨难，每个人无论如何都不能丢弃自己的梦想。执着于自己的目标和理想，把自己开拓的事业做下去。

肯德基创办人桑德斯先生在山区的矿工家庭中长大，家里很穷，他也没受什么教育。他在换了很多工作之后，自己开始经营一个小餐馆。不幸的是，由于公路改道，他的餐馆必须关门，关门则意味着他将失业，而此时他已经65岁了。

也许他只能在痛苦和悲伤中度过余年了，可是他拒绝接受这种命运。他要为自己的生命负责，相信自己仍能有所成就。可是他是个一无所有、只能靠政府救济的老人，他没有学历和文凭，没有资金，没有什么朋友可以帮他，他应该怎么做呢？他想起了小时候母亲炸鸡的特别方法，他觉得这种方法一定可以推广。

经过不断尝试和改进之后，他开始四处推销这种炸鸡的经销权。在遭到无数次拒绝之后，他终于在盐湖城卖出了第一个经销权，结果立刻大受欢迎，他成功了。

65岁时还遭受失败而破产，不得不靠救济金生活，在80岁时却成为世界闻名的杰出人物。桑德斯没有因为年龄太大而放弃自己的成功梦想，经过数年拼搏，终于获得了巨大的成功。如今，肯德基的快餐店在世界各地都是一道风景。

很多时候，在日常生活、工作中我们必须在寂寞中度过，没有任何选择。这就是现实，有嘈杂就有安静，有欢声笑语，就有寂静悄然。

既然如此，你逃脱不掉寂寞的影子，驱赶不走寂寞的阴魂，为什么非要与寂寞抗争？寂寞有什么不好，寂寞让你有时间梳理躁动的心情，寂寞让你有机会审视所作所为，寂寞让你站在情感的外圈探究感情世界的课题，寂寞让你向成功的彼岸挪动脚步，所以，寂寞不光是可怕的孤独。

寂寞是一种力量，而且无比强大。事业成就者的秘密有许多，生活悠闲者的诀窍也有许多。但是，他们有一个共同的特点，那就是耐得住寂寞。谁耐得住寂寞，谁就有宁静的心情，谁有宁静的心情，谁就水到渠成，谁水到渠成谁就会有收获。山川草木无不含情，沧海桑田无不蕴理，天地万物无不藏美，那是它们在寂寞之后带给人们的享受。所以，耐住寂寞之士，何愁做不成想做的事情。有许多人过高地估计自己的毅力，其实他们没有跟寂寞认真地较量过。

我们常说，做什么事情需要坚持，只要奋力坚持下来，就会成功。这里的坚持是什么？就是寂寞。每天循规蹈矩地做一件事情，心便生厌，这也是耐不住寂寞的一种表现。

如果有一天，当寂寞紧紧地拴住你，哪怕一年半载，为了自己的追求不得不与寂寞搭肩并进的时候，心中没有那份失落，没有那份孤寂，没有那份被抛弃的感觉，才能证明你的毅力坚强。

人生不可能总是前呼后拥，人生在世难免要面对寂寞。寂寞是一条波澜不惊的小溪，它甚至掀不起一个浪花，然而它却孕育着可能成为飞瀑的希望，渗透着奔向大海的理想。坚守寂寞，坚持梦想，那朵盛开的花朵就是你盼望已久的成功。

寂寞是孤单；寂寞是冷清；寂寞是寂静；寂寞是无人问津；寂

寞是磨炼耐性的试金石；寂寞是一条无形的枷锁，它悄悄地绑住了你的灵魂，轻易不会松手。

放低姿态，像南瓜一样默默成长

《伊索寓言》中有这样一个故事：

有一只狐狸喜欢自夸自大，它以为森林中自己最大。

傍晚，它单独出去散步，走路的时候看见一个映在地上的巨大影子，觉得很奇怪，因为它从来没有见过那么大的影子。后来，它知道是它自己的影子，就非常高兴。它平常就以为自己伟大、有优越感，只是一直找不到证据可以证明。

为了证实那影子确实是自己的，它就摇摇头，那个影子的头部也跟着摇动，这证明影子是自己的。它就很高兴地跳舞，那影子也跟着它舞动。正得意忘形时，来了一只老虎。狐狸看到老虎，就拿自己的影子与老虎比较，结果发现自己的影子比老虎大，就不理老虎，继续跳舞。老虎趁着狐狸跳得得意忘形的时候扑了过去，把它咬死了。

一个人若种植信心，他会收获品德。一个人若种下骄傲的种子，他必收获众叛亲离的果子，甚至带来不可预知的危险，就像那只自我膨胀的狐狸一样。

但高傲却是现代人的通病。大家都想吸引别人的目光，殊不知这目光可能投来善意，也可能投来恶意。越是高调的人，越容易成为众矢之的。老子在《道德经》中说："生而不有，为而不恃，功成而不居。"又说："功成名遂，身退，天之道。"如果成功之后，只知自我陶醉，迷失于成果之中停滞不前，那就是为自己的成就画了句号。

成功常在辛苦日，败事多因得意时。切记：不要老想着出风头。一个人的成绩都是在他谦虚好学、伏下身子踏实肯干的时候取得的，一旦傲气上升、自满自足，必然会停止前进的脚步。

有人会说，大凡骄傲者都有点本事、有点资本。你看，《三国演义》中"失荆州"的关羽和"失街亭"的马谡不是都熟读兵书、立过大功吗？这种说法其实是只看到了事情的表面，而没看到事情的本质。关羽之所以"大意失荆州"，马谡之所以"失街亭"，不正是因为他们自以为"有资本"而铸成的大错吗？

一个人有一点能力，取得一些成绩和进步，产生一种满意和喜悦感，这是无可厚非的。但如果这种"满意"发展为"满足"，"喜悦"变为"狂妄"，那就成问题了。这样，已经取得的成绩和进步，将不再是通向新胜利的阶梯和起点，而成为继续前进的包袱和绊脚石，那就会酿成悲剧。

在这个世界上，谁都在为自己的成功拼搏，都想站在成功的巅峰上风光一下。但是成功的路只有一条，那就是放低姿态，不断学习。在通往成功的路上，人们都行色匆匆，有许多人就是在稍一回首、品味成就的时候被别人超越了。因此，有位成功人士的话很值得我们借鉴："成功的路上没有止境，但永远存在险境；没有满足，却永远存在不足；在成功路上立足的最基本的要点就是学习，学习，再学习。"

要想在成功的道路上走得既坚定又稳健，必须放低自己，戒骄戒躁，永不自满。千万不要做半杯水，要以一种空杯心态虚心学习，养成进取的良好学习习惯。这样，我们才会在有所成绩的基础上更进一步，才会在成功路上走下去。

第五章 CHAPTER 5

掌控时间，掌控人生

掌控时间，从做好计划开始

你的时间总是不够用吗

如果有紧急的事情，那就赶快去做吧，一刻也不要拖延。你若对其置之不理，今天的急事将会成为明天的灾难！

总是有太多的事情等待我们去处理，所以通常我们都会有很多选择，但不知道先做什么好。正是因为这种无从选择才导致了拖延。

要学会先做重要的事，假设你明天有事要出国一段时间，那么什么事情才是你最想做的呢？你应该最先处理什么事情呢？

做事拖延的主要原因是因为目标太大、任务繁重以至于让你感到沮丧，或者是该项任务的个人偏好程度过重，所以无法引起你的兴趣。另外，害怕失败，对任务重要性的不理解，以及认为任务本身太枯燥等都是拖延产生的原因。

此外，有太多的人都渴望在最短的时间内获得最大的效率。学过动物行为学的人都知道，对事物的迫不及待是动物区别于人类的一个主要特征。人类作为高等动物本身应具备忍耐的能力，那么为什么会有那么多人对效益表现得急不可待呢？又有多少次我们目睹了成年人只因过程中的一点点耽搁而大发雷霆愤然退出的尴尬局面呢？这些愤怒爆发于道路、邮局、超市的手推车和等待汽车的长队中。如果你的内心存在一个小小的角落可以容纳这些时间缓冲的话，就会发现自己根本没必要为这些小事大动肝火。事情往往在没有人想象中的那么顺利时就会产生延误，对于这些延误，聪明的人总会选择耐心地等待。

时间掌控的关键在于正确地衡量任务完成的结果，而非任务本身。

一个时间掌控模式的小测试

请完成下面的关于活动分析的练习，完成后你将对自己是属于"任务型"还是"人物型"的人群这个问题有个清晰的认识。

你必须利用最有效的时间来完成难度最大的任务。

你可能对"贝尔宾团队模式"有几分了解，这一概念起源于梅雷迪斯·贝尔宾的作品，他曾经在亨利管理学院做过一段时间的行为管理学研究。在研究中，他给来自世界不同地区的人们作了心理分析，从此出现了三种区别于传统的行为模式。这些模式有些和人类的性格特点、心智类型相关联，有些又与成功团队的行为学有联系，所以都被各自命名了。

1. 如果你遇到以下的情况，请选择：

①不管有多晚，我都喜欢把任务完成了才下班

②不在乎完成任务的时间底线

③与他人协力，共同完成任务

④独自安排工作时间，只要把工作完成就行了

2. 如果别人完成工作的时间比你预料的要迟，你会生气吗？

①会

②不会

3. 在团队活动中，如果你的表现胜过别人的话，你会：

①表现出足够的耐心

②表现出不屑

③让别人掌握优先权

④与别人共同努力，完成任务

4. 你是否愿意在工作中帮助别人？

①是

②不是

5. 在家里或单位里有朋友来访，你会：

①与朋友交谈

②让朋友说出难处，与他共同解决问题

③耐心听朋友倾诉

④变得不耐烦

6. 你会经常检查同事们的工作进展吗？

①是

②不是

7. 如果领导把一项任务交给你，你希望：

①自己全权负责这项任务

②尽量早点完成任务

③计划与别人共同完成任务

④保持耐心

8. 你希望别人来负责管理某项任务吗？

①是

②不是

9. 你是通过以下哪种方式来避免时间的浪费的？

①每件任务都用最快的速度来完成

②先放下手头的任务，着手完成另一项任务

③许多任务夹杂在一起完成

④通过团队合作来实现目标

10. 开会时你经常早到吗？

①是

②不是

11. 你通过以下哪种方式来鼓励同事？

①对他们表示友好

②为他们制定一个时间表，鼓励他们用最短的时间来完成任务

③表示能同他们一起合作

④避免冲突

12. 友谊重要还是任务重要？

①友谊重要

②任务重要

13. 在你发现自己制定的日程安排表落后于别人时，你会感到：

①很有压力

②对别人的安排表很好奇

③认为是别人的安排表存在问题

④有必要和别人一起讨论，来共同解决这一问题

14. 你会在任务下达之前提前安排工作时间吗？

①是

②不是

15. 你是通过以下哪种方式来提高自己的工作效率的？

①与他人建立工作联系

②创造轻松的工作氛围

③利用团队合作的方法

④扩大团队群，拓展合作群体

16. 如果别人按时完成了你所布置的任务，你会说"谢谢"吗？

①会

②不会

结果分析

以上问题的答案没有对与错，结果仅反映你与"任务""人物"这两种管理类型的适合程度。有些人任务观念较重，有些人则比较重视任务完成过程中的人际关系。

根据贝尔宾定理，世界上存在着三种行为模式，即：外观取向模式、计划执行模式和任务执行模式。

★外观取向模式的人注重任务完成过程中的人际关系，对任务的压力和挑战性都比较敏感，并以此为动力。

★计划执行模式的人有较强的组织纪律性，能坚定地按照自己制定的计划来完成工作，通常都能将理想变为现实。

★任务执行模式的人能吃苦，很谨慎，总能时不时地发现问题。这类人通常能够按时完成任务。

接下来就是人际关系模式了，也分为三大类，即：合作者模式、调查者模式和团队模式。

★合作者模式的人大都很自信，有权威，通常担当着制定目标和作决策的使命。

★调查者模式的人性格比较外向，好交际，他们总在不断地寻求合作的机会。

★团队模式的人合作性都很强，他们总是能够避免冲突的发生，他们这类人适合做外交工作。

最后，研究型模式同样也分为三类：创造模式、引导模式和钻研模式。

★创造模式的人顾名思义都有较强的创造能力，总能解决复杂的问题，但往往忽略细节问题且不懂得交际。

★引导模式的人有较强的分辨能力，总能制订出战略性的计划，能够领导众人，却缺乏激励他人的本领。

★钻研模式的人细致，但只注重单方面的研究，因而视线狭窄，不能全方位地考虑问题。

你属于上述哪一类模式的人呢？你又是和哪一类人群共事呢？你认为哪一类人更有能力、更能合理地掌控时间呢？请谈谈自己的看法。

值得注意的是，在上述几例模式中，任务执行模式是最理想的一种时间掌控模式。因为此模式的人能在任务执行的过程中，不断地发现问题，解决问题，认真、谨慎是他们的一贯特征，按时完成任务是他们的风格。

改掉拖延的毛病

在我们周围，有这样一种人，工作开始时总是满腔热情，给自己定下远大的目标，决心晚上6点开始努力工作，但身边有太多的事情使他找到了各种各样拖延工作的借口。结果可想而知，直到深夜他才发现自己一事无成。

晚上6点一到，他就开始坐在书桌前，而且认真地安排了一整晚的工作，但等到一切都安排到位时，他的工作计划就被全盘打乱了。首先，早上还没有看过报纸的想法成了他拖延工作的第一个理由，他离开书桌，打开报纸看了起来。这时他又猛然发现报纸上的内容要远比他想象的精彩，所以他不忘把娱乐版也浏览了一遍。8点到8点30分有一档不错的电视节目，他又意识到这是一个放松身心的好机会，于是他便不由自主地打开了电视，原来这档节目7点钟就开始了，于是他想，"我毕竟已经忙了一天，还好节目才开始不久，无论如何我也该放松放松了，这将有助于我明天更有效地工作"，这样又过去了45分钟，他再次回到了书桌旁，毕竟工作还是要做的。

开始时他还能静下心来工作，但没过多久，要给朋友打电话的念头和看报纸的想法一样又闪进了他的脑海，他又给自己找了一个最佳的理由，就是只有等打完了这通电话才能安下心来好好工作。他是这么想的，也就这么做了。当然，打电话比工作有趣多了，但他放下电话重回书桌的那一刻已经是晚上8点30分了。

在整个过程中，我们可以清楚地看到，这个自己定下远大目标的又急于完成工作的人仅仅在书桌前逗留了一小会儿，这真是一种悲哀！其实他已经意识到周围的干扰因素，但是这种干扰因素诱惑着他，使他无法自拔。对这些因素的渴望会随着渴望本身的无法满足而变得更加强烈。他越是想看报纸，就越想压制自己的这种渴望，所以看报纸的渴望就变得更加强烈了。于是他放下手头的工作，找各种理由来抑制自己的渴望就成了他唯一的解决问题的方法了。

最后他第三次回到书桌旁，并下定决心不再受干扰，一定要好好工作。但这时的他已经精神疲劳，昏昏欲睡了，注意力无法集中的他早已看不进任何东西了。结果他又看了一档节目，最终倒在电视机前睡着了。

在被别人叫醒后的他睁开眼睛，觉得也就这么一回事。毕竟他也休息了，也读了报、看了电视，又和朋友聊了天，一切都那么顺理成章，他想或许明天晚上他还能够……

如果你诚恳的话，你就不得不承认上述故事中的主人公多多少少有你的影子，你对这个故事恐怕也不会陌生吧？人都是有惰性的，总想着把轻松的事先做完再办正事，但往往心有余而力不足，在做完所有闲事后的你已经没有力气再工作了。这是一个坏习惯，但遗憾的是，这个坏习惯普遍地存在于大多数人的生活中。

　　正如所说的一样："坏习惯就躺在温床上，上去容易，下来难。"

　　其实仔细想一下，一天中你所厌烦的工作不可能总是很多的，主要是因为你厌恶这项工作，对此没兴趣，所以注意力自然而然地会被周围事物所吸引，工作时间才会延长。所以说并不是做厌烦的工作要花费很长的时间，而是你拖拖拉拉地把这段时间拉长了。

　　这样看来，要制订有效的时间掌控方法，第一步就是要杜绝拖延，要找出自己的弱点——干扰自己的外界因素，把它们统统列出来并时刻提醒自己不要被这些东西拖延了。

选择适合自己的时间管理方法

　　要想选择适合自己的时间管理方法，首先必须明确自己要做哪些方面的改变。只有改变错误的习惯，才能有效地掌控时间。

　　为自己制订一份时间表，详细记下你每天完成某项任务所用的时间。然后依此类推，计算出你每周、每月完成这项任务所用的时间。要保证这些数据的正确性，及时查看，看看自己实际的工作时间与计划的工作时间是否有出入。

你会发现一个问题，那就是自己在喜欢的工作上花费了太多的时间。当你还在为别人无法把你喜爱的工作完成得如此完美而得意时，你不得不承认这样的完美是以你牺牲做其他事情的时间来办到的，这无疑是一种时间的浪费。

在做事情之前，你心里要明白：

你想成为哪一类人？你的生活态度是什么？

你喜欢什么？什么样的结果才令你满意？

怎么样才能使你开心？你想实现怎样的目标？

要实现目标，自己要做哪些方面的改变？

要达到目标，具体要完成哪几项任务？

把以上小窍门记下来，随身携带以供及时参考。

列出最重要的工作

"在日程安排表中具体列出需要完成的工作"这一方法在时间掌控上是最实用的。

请在上述几条建议中选择三至四条适合自己的，然后每天坚持实践，直到这些建议中所提到的习惯已成为你生活中的一部分。

每天列出至少三件你认为是最重要的事，并确保这些事完成的可能性，以期达到自己最后设立的目标。

如果你是一个渴望减肥的人，那么身上一下子甩下一大块脂肪一定能使你喜出望外。请用同样的方法来看待时间掌控这一问题！

你在日程表中列出了很多时间，每完成一点就像减肥者甩去一块脂肪一样，这将给你带来喜悦，也将使你朝着目标更靠近一步。这些被逐步完成的工作是不能像脂肪一样通过重量这个特定的尺度来测量的，它需要一种更复杂的体系即通过"时间"这个尺度来衡量。工作每完成一步，时间就消耗一点，就如同消耗脂肪的道理是一样的。减肥者的目标就是扩大脂肪的消耗量，而你要做的则是：尽可能缩短完成工作所花费的时间。所以改变习惯的重要一点就是能够预见变化并及时调整自己的工作计划。

威利斯·辛普逊曾经说过这样一段话："没有人会嫌弃自己的时间太多，就像没有女人会嫌弃自己太瘦一样。"所以我们要掌控时间，就是为了给自己多挤出一点时间，因为每个人都想拥有比别人更多的时间来自由支配自己的生活。

适当改变自己的计划

要想做适当的改变，首先要设立切实可行的目标，再把这些目标分成长期目标、中期目标和短期目标三类。

为这些目标制订详细的计划，你心中要明确应该做什么，怎么做。不要犹豫，从现在起开始立即行动吧！在发现自己没有进步时，你应该坐下来好好想想，从上述减肥者的角度看问题！看看自己是否存在习惯上的问题，是否需要为自己的计划做些调整！

下表是每月工作计划样例，你可以参照此表根据实际情况调整你的每月计划。

每月工作计划样例

星期一	星期二	星期三	星期四	星期五	星期六	星期日
27（日期）	28	29	30	31	1 复活节假期开始	2 12：00 橄榄球比赛 17：00 电影
3 9：00- 16：30	4	5	6	7	8	9
10	11	12	13 8：30 从巴黎回来	14	15 20：45 从巴黎回来	16
17	18 召开整天的销售和市场会议	19	20	21	22	23
24	25	26	27	28	29	30 11：30 参加朋友婚宴
31	1	2	3	4	5	6

如果你对事情的严重性把握得很清楚，并且明白一天中需要完成哪些工作、处理工作的次序，就说明你已经掌握事情的控制权了，你已经学会如何运用重要的事情来有效掌控时间了。

但是值得注意的是，你仍然要有明确的目标。就像开车一样，如果不知道目的地，你就永远无法到达。

我们常碰到这样的人，他们精力充沛，干劲十足，工作成绩却平平。究其原因，是他们没有明确的工作目标，做了许多无用功，导致效率低下。

《事事都做完，仍有时间玩》一书的作者马克·福斯特是这样说的："只有目标明确，我们才知道该做什么。"

有效地处理事情和有效地利用时间是有区别的。一个能够有效地处理事情的人并不一定具备有效利用时间的能力。同样，能够有效利用时间的人也不一定可以有效地处理事情。但有效地利用时间往往比有效地处理事情更能取得良好的效果。

在工作和生活之间寻求平衡

睡前制订一份第二天的工作清单

你可能为了养家糊口选择在离家很远的地方工作，但这些工作却与家庭工作有着密切的联系，所以你应该把这两种工作联系起来管理。无论在什么情况下，你都需要制订出一张清单作为你每天工作的"提醒者"。最好在你睡觉前做好第二天的日程安排，把它作为你的一项工作来完成，以便在第二天早晨你就能够对它进行检查和修改。

对某些人来说，为每周工作做好计划安排是有好处的。当周一来临时，你就得为本周需要完成的工作做计划了。在这一周内，特殊日子与特殊时间的工作应该灵活配置。如果是科室工作，那你就必须完成一张包含五个项目的时间表（这五个项目是你必须完成的）。如果这些工作十分重要，制定的项目数量最好以五样为限。因为当你发觉这些工作的完成会花掉你所有的时间时，你就会感到身心疲愈，力不从心。同样，那些你原本计划的工作不能如期完成，你的目标就没有意义。合理的时间安排要以可行为基础。

在早餐时间对所做的时间表进行核对，重点检查当天需要完成的所有任务，花几分钟时间为它们划分好优先次序，同时列出时间安排。第一步要检查的是当天是否为自己留出了时间——空余的时间。

计划要与家庭生活吻合

别让那些低级的、不重要的事情从早到晚困扰着你的生活，以至于你没有时间去迎接随时到来的挑战。同样，工作上也应该如此。如果仅仅只有 1 天的多余时间，你无须为此而庆祝。日常安排的细微改变可以使你获得更多的时间，完成更多的事，但你不能因此而浪费宝贵的时间。注意到这些，你会觉得工作不再繁重，成功的道路不再模糊。留出时间与空间来改变自己吧。现在就开始！不要等明天了。

把视线投向家中

以下是欧克·马丁的自述：

在某一星期，我接到一个之前一块儿工作过的同事的电话。"你目前在做什么工作？"我问道。

"我要做一周的家务活了，"他自豪地说道，"在我的妻子陪同她母亲出远门时，我需要照顾孩子，做家务活。不久我要去完成落下的工作。"

在办公室同事的印象中，这类人备有一个容量庞大的纸板箱，是专门用来为自己存放写有地址的信件的。他的秘书每晚会过来检查，清理掉所有的垃圾邮件，对信件进行归类，同时理出重要的信件。

他的秘书和妻子保持着密切的联系。双方对他都有一定的了解，所以总是定期地制定好时间表，并且一直如此。他在一家大公司工作，公司人员充足，随时可以取代他。在家里他的妻子尽可能地招募更多的人做家务活，这些人包括清洁工、园丁、熨衣工人等。虽然看起来并不新鲜，但确实帮助了他。

那是星期三的一个早晨，同事告诉我他如何把自己的生活调理得井然有序。他喜欢把秘书叫到跟前，帮他完成办公室的工作，而他的秘书也乐于放下手头的事情，帮他整理工作。

我们未必都能幸运地找到现成的人为我们整理东西，如果你手头有许多事情必须要自己去做，那是因为你身边没有一支庞大的训练有素的员工队伍。

如果你把工作和管理家庭结合起来，那你的生活就不仅仅是个人的生活。让生活轻松些，按下面的一些法则做：

如果你把它拿出来——就把它放回去，

如果你打开它——就关上它，

如果你把它扔掉——就把它捡回来，

如果你把东西拿下来——就把它挂上去。

一个朋友一直坚持着一种简单而有效的方法，那就是她在出门前就制订好出行路线以便于不停地对自己反向跟踪。如果她可以步行或者骑车去镇上，她就会这样做。因为这样她就不需要再另外花时间去锻炼身体了。

在家休息时，不妨制订一些 B 类计划用来应付那些突发事件。特别是当你星期六与星期天都是全天在家时，你就更应该做些计划，计算出你需要在某项工作上安排的时间。如果你面对的是任务繁重的工作或是困难的局面，你至少应该花点时间对它们思考一番或者解决掉其中的一部分，这样做会使接下来的工作简单些。

务必在每天结束后检查你的工作日程表，看一下是否有遗漏。同样，在制订新的一天的计划时，再次检查以便确保你所安排的工作具有可行性，把没有明确内容的工作重新做一次安排。

如果你从事照顾他人的工作，那么你就得先照顾好自己，不能照顾好自己的人又怎能照顾好他人呢？调查发现，神职人员每年年初要做的最重要的事就是隐退一段时间，好好地调整一下自己。因为，如果他们不能在精神上好好地调整自己，就不能在精神上照顾别人。

类似地，我们对假期也要进行合理的安排。显然出门在外小心谨慎是必然的，而时刻表的制定，就是要求所有的事情按计划日期运行。整个假期不应受到丝毫的干扰。这就是为什么在度假时你最好别通信。

在休假的时候，避开那些提醒你工作的人。如果他们把度假的时间花在工作上，那太不幸了，因为这样很少有人会玩得开心。拥有一部分自己的时间，重要的是，这些时间要与工作没有关系。

对许多人来说，学习要持之以恒，同样，对于那些正在努力使自己专业技能跟上时代趋势与发展的人来说，也应该如此。虽然每天中的时间都应该充分利用，但你还是要从日历上挤出一点空余时间来。如果你能恰当安排，那么在家的时间就是你有效的时间。但是要记住避开干扰。如果你因为不能掌控自己的办公时间难以安排你的工作，那么不妨试用一下交叉点方式。把一天分成三部分，做三分之二，例如，如果你晚上非常忙，那就不要在早晨或者下午工作。如果这很难做到，那你就要对你的工作内容进行调整了。

例如你长期在外工作，那么你就要迅速把文字工作完成。始终要预先做好最周全的准备以取得最好的效果。别受他人影响认为家务不是工作——它们是！家庭是需要维护的，如果你无法完成家务最好花钱雇人替你做。在任何时候，如果你始终处于在事后采取措施弥补工作这一状态中，那么你花在这些工作上的时间就是一种浪费。

许多人完成工作时已经是时间的最后期限了，期限是别人制订的，但是你也可以自己制订。例如，你可以为自己规定一个上缴税金或增值税退税的时间期限，或者制订一个日期检查你的档案柜或楼梯下的橱柜。

每月为行政工作留出一天的时间可以帮助你及时做好文书工作，如核对账单、办公费用等等。把这天纳入工作日程中。如果你办事效率高而且有规律，那就不会出现无法控制的情况了。一场电影或者一顿饭的诱惑会整天影响你，给你提供完成任务的动力。

如何在家工作最有效

时间掌控中一项巨大的挑战是，当外界没有任何时间约束可以影响你时，你有独立完成工作的能力。大量行政工作上的琐事太容易产生干扰了。当你有艰难的工作必须完成时，你就要告诉别人你正在工作，这样能使你全力以赴地投入工作。

如果这对你而言是经常遇到的问题，那么试着把要做的事记录在纸条上并把纸条粘在冰箱上，它通常可以在一定范围内引起你和其他人的注意。像前面所说的那样，一旦你公开了计划就很难不去做（这种做法并非始终正确，但的确有用）。但不要完全依靠粘着的纸条——几年后它们会掉到冰箱下面而被你遗忘。

如果时间期限的确非常紧迫（和在家一样，这类方法在办公室也适用），就开启语音邮件，以便减少邮件的发送。每过4个小时迅速地把邮件与紧急信息进行核对。除此之外，几乎不理睬那些之后要做的事，除非手头的工作已经完成。

不在办公地点召开会议在外人眼里是常见的事，因为这种安排减少了时间约束。那些在家工作的人，他们需要与顾客约好到达与商谈的时间，对于他们来说，给出对方明确的时间是重要的。例如告诉他们，"我们只有1个小时的时间，我们必须在时间上严格限制。"如果大家了解到这项规定，他们就能够遵守。毕竟，你不坐在办公室并不意味着时间不宝贵。

当你从家中准备出发时，千万不要让其他人破坏你的计划。对那些事先没有进行预约的人，你要诚恳地对他们的等待表示歉意，他们会很快理解。如果与你一起工作的同事们无所事事，那么你一旦在家，他们就会假设你必定是在度假或者无事可做，所以当他们了解到你的情况，毫无疑问，干扰你的突发事件就会提前发生。

马克·吐温在他的一篇文章中这样描写：当有人按响他的门铃时，他就穿上自己的外套，打开门，如果这位拜访者受他欢迎，他就说："你碰上我是多么巧啊，我刚回家。"如果这位拜访者不受他欢迎，他会十分歉意地表示自己正要出门，不能耽搁。

在办公室工作巧妙地运用这种方法，只需要拿起一个公文包或者一叠文件并表现得很匆忙的样子就可以实现你的目的了。

时不时地在每星期、每月或者每年制作一张时间表来检查一下你的时间花在哪里，然后进行调整。

每周花一天时间来做几件不同的事，可以是慈善工作或者服务类行业的义务劳动。因为这些会使生活变得丰富，也带来美好的回忆。这个时刻是真正享受的时刻。

当你觉得时间不够时，你需要寻找一种方法去挖掘时间或者把工作委托给别人做。这关系到你是否在家里还是在办公室里工作。

简单化

简化你要做的事是一种提高你掌控时间效率的方法。准备服装，熨烫衣服等，在头一天晚上完成这些工作能够减少早晨你的准备时间。保持你的装束风格简单朴素也是如此。

毫不留情地整理橱柜与抽屉，清理掉不需要的东西，对里面的物品进行归类并保持整洁。这为你今后寻找它们省下大量的时间——如果物品放在合适的位置，就节约了你下次寻找的时间。

减少文字说明。尽可能简化行政工作。当别人不愿与你交谈而你又不能使用电话时，你可以做些写作方面的工作。如果你真的特别忙，就把周末花在家庭琐事上的时间最大限度地利用上。

利用你计划在阅读中的时间处理大堆的项目——最后不论是否进行了阅读都毫不留情地把它们丢掉。

确保每个星期对工作进行检查并对你的时间安排进行评价。

有效地避开干扰事件

如果你对别人的打扰不太介意，那么你得到的打扰就会比你预料的要多得多。

尽量避开那些次要的干扰，想办法把它们阻挡在你的门外。一旦你解决了这个问题，就立刻回到当天的主要工作上来。

预防干扰

你可以通过事先给其他人提醒来预防干扰的发生。告诉同事你不想被打扰，向他强调你不准备接受未预约的拜访和电话，这相当有效。提醒他们你正在处理一项工作，可以避免之后不间断的打扰。最糟糕的事就是，你在准备工作上已经花了大量的时间，但之后仅仅因为一份突然出现的资料要求改变这项工作，戏剧化的一幕使以前的工作前功尽弃。

采取措施，预防干扰，关上门，专注手头的工作，告诉大家你正在"开会"——那经常是你想独处的所有理由。他人不会对你一个人开会有什么要求，如果这如同你为自己"买下"一些清静的时间来处理重要的事，那就这样做吧。许多人当他们得知某人正在开会时就会识趣地离开。

学会说"不"

当你开车离开办公室出门工作的时候，或者你独自一人待在空无一人的会议室的时候，或者在你刚刚离开他人办公室回来工作的时候，在门上挂一块"请勿打扰"的牌子。要事先做好准备，同时处事要果断。当干扰你的情况出现时，把它们尽量纳入你事先已经安排的项目中。如果顾客的事情是你最后要处理的，询问他们是否可以在当天下午晚些时候将电话打过来。难道任何的中途干扰都会成为"紧急和重要的"事情吗？你需要灵活处理这些事情。

做好说"不"的准备。友好但不生硬地拒绝他人，也无须提供理由。但是如果你可以找到理由，说出来也许会有帮助。

巧妙应付闯进你办公室的人

良好的同事与职员间的关系有时的确很有价值！但是你若不会说"不"时，你就糟糕了。应付那些中途干扰你的事件，你必须明确谁会在某个假定的时间出现在你面前。让大家清楚地知道你在什么时候接待什么人，并告诉他们你接待的原因。如果你拒绝帮助，你就得准备让机器或同事帮你分担工作。

如果一些人想走进你的办公室询问客人来的目的，不要让他们闯进来。当他们走进办公室后你就起身站在桌子的边缘，示意他们你正忙着，不要打扰。一旦你意识到这次谈话并不重要，就把谈话安排在宾馆或咖啡馆的小客房里进行。注意：对待时间要无情，但是对人要有礼貌。

如果一些人坚持要见你，那么与他们约定好在他们安排的地点见面。这种方法可以在你见到他们时获得主动权——因为你容易提出离开的理由。如果过了很久问题还不能解决，那么你就提议在一个方便的时候进行下一次见面来结束这次交谈。

接打电话的学问

打电话的最佳时间或者是早晨 9 点之前——但是不宜太早，或者是下午 4 点之后，因为早晨 9 点之前和下午 4 点之后是正常会议以外的时间。

每天要给重要的工作留出足够的时间，在这一时间段内要接听任何电话。如果可以的话，把这些电话转移给其他人解决。因此你可以选择开通语音信箱留下口讯告诉大家你接电话最合适的时间。选择一个恰当的时间有礼貌地给对方回一个电话——询问他们现在是否方便回电话。

在最合适的时间接听所有的电话。一天中安排出 1 个 ~ 2 个小时接电话。把你要拨的电话号码列出来。记录好每个电话的内容，包括你想提出的要点——不要胡扯。在手边准备一个计时器，这样在打电话时你就可以意识到时间在溜走。

当你在做语音信息留言时，不要仅仅留下你的名字与对呼人者的要求，还要向对方解释为什么你正在打电话和你需要什么。

如何应酬拜访者

无论什么时候，即使你再没时间，你都要忍耐。如果有急事需要处理，或者你不想接受客人的拜访，拿出证件暗示你正要去参加某个会议。

试着开门接受客人的拜访，而不是规定拜访时间限制客人的拜访。通过约定时间，以有说服力的理由控制人们前来拜访。试着以对待自己的方法对待别人，这种方法非常适用经常询问同事弄清他们是否乐意接受拜访。

对于那些需要提高工作效率的人来说，需要采取一种方法，既可以拒绝未预约的拜访者来访，而且又可以使他们满意地接受。如果他人登门拜访与你洽谈的事情并不紧急，你可以向对方建议选择双方都方便的一天进行一次会议讨论。

办公室中节省时间的窍门

下面是一些办公室中节省时间的小窍门，掌握这些窍门可以使你更加高效地开展工作，提高办公效率。

（1）集中一天中的头两个小时来处理手头的工作，并且不接电话、不开会、不受打扰。这样可以事半功倍。

（2）立刻回复重要的邮件，将不重要的删除。

（3）做个任务清单，将所有的项目和约定记在效率手册中。手头一定要带着效率手册帮助自己按计划行事。

（4）把琐碎的工作写在单子上，以便有零碎时间马上去做。

（5）学会高效地利用零碎时间，用来读点东西或是构思一个文件，不要发呆或做白日梦。

（6）如果有人在电话中喋喋不休地讲话，你可以礼貌地结束电话。

（7）在离开办公室之前列一张次日工作的清单，这样第二天早晨一来你便可以全力以赴地投入到工作当中。

（8）制订灵活的日程表，当你需要时便可以忙中偷闲。例如，在中午加班，然后提前1个小时离开办公室去健身，或是每天工作10个小时，然后用星期五来赴约会、看医生。

高效率的真正含义

小问题积聚起来可以导致大的故障，地基不牢靠的房子注定要崩塌，不平衡的生活同样如此。

如果你掌握不了生活的平衡，会影响到你生活的各个方面。以健康为例。假设在日常生活的重压下，一个人得不到足够的睡眠时间和质量。疲惫的人没有足够精力，使得他们思考、交谈、作决定时都会出现问题。有关研究表明，劳累的人记忆力减退，倾向于更加情绪化、不稳定的感觉。而且缺乏耐心，缺乏想象力，对抗社会的情绪表现明显。

我们中的大部分人总是觉得很累。一天中无论什么时候随机采访十个陌生人，问他们，"你休息了吗？""昨晚睡得好吗？""你今天感觉精力充沛吗？"七成人都会告诉你他是如何的累。

很多人感觉疲惫是因为他们晚上熬夜，以至于不能得到足够时间的睡眠来给身体补充能量。还有些人是因为睡眠质量不高，他们感觉压力重大，每天不能有效控制时间，或者拒绝采用有效的时间控制方法。

疲倦会影响家庭生活、社交生活、职业生活等生活的各个方面。疲倦也可能会妨碍到你的理财安全、才智发挥和精神充实。换句话说，某方面的缺失会影响到你生活的各个方面。

你可以收集到各种利于时间管理的小工具，拥有最新潮的辅助设备，更清晰了然的计划列表，最吸引注意力的提示簿。但是，如果疲惫伴随着你，再好的工具也帮不上你多少忙。而健康是生活中如此重要的一个方面，如果你忽略它，它会打乱你所有的生活秩序，更无从谈起什么工作效率。

一个真正富有效率的生活需要平衡以下各个方面：

★健康。

★家庭。

★理财。

★才智。

★社交。

★职业。

★精神。

你可能不会在上述每一个方面花费同样多的时间，但是从长久来看，如果你能平衡处理以上各个方面，你的生活将会得到平衡，而生活的基础也必将坚固。

谁在浪费你的时间

时间会在你没有留意到它的情况下迅速从你眼前溜走。要学会抓住时间，减少时间的浪费。对照以下问题，查找你浪费时间的主要原因：

★不会说"不"。

★危机管理：故障、问题、灾祸。

★优柔寡断、拖延和失败的交流。

★不一致的无效行为。

★不必要的电话、会议、拜访者。

★处理垃圾邮件、不必要的文书工作。

★缺乏信息、目标、管理、委托。

★缺少优先权、程序、系统、自我约束。

如何为度假准备行李：

把所有你想整理的东西放在地上，把数量减到一半，然后再整理放入箱里。结果便是：一个容易关上的衣箱。

怎样在一周内做更多的事：

将一周当作只有两天半的时间来使用。列出要做的工作，进行委派，或者把剩下的扔掉。结果便是：有更多的时间可以做重要的事。

第八章 CHAPTER 6

团队合作中的自控力艺术

用自控力修炼强大领导力

自控力事关团队的战斗力

自控力具有凝聚作用，它能使团队成员相互团结，协作互助；自控力能增强团队成员的积极性，使人们更负责、更勤奋、更主动地工作……这都是积极自控力的作用，能极大地提升团队的战斗力。反之，消极的自控力会严重破坏团队的团结，降低团队成员工作的积极性、责任心，导致团队成员不守规则、不服管理，严重影响领导者的管理效果……团队中任何一个成员的自控力，特别是领导者的自控力，直接关系到一个团队的战斗力，甚至团队的成长发展。

我们在前文中已经说过，自控力具有很强的传染性，并且消极的自控力比积极的自控力传染得更快。因此，一个团队要想提升业绩，增强战斗力，将团队发展壮大，首要的任务就是避免消极自控力的影响，而降低消极自控力的破坏作用的最佳途径就是树立强大的自控力。

一个团队的领导者要想提升团队的战斗力，将团队建设强大，首先要让自己树立起积极的自控力，并用自己的积极态度去影响团队成员、感化他们，使他们更加认可你、支持你、配合你的领导。

如果你是优秀的领导者，团队成员是优秀的员工，团队当然就是优秀的团队，就能创造出一流的业绩。

美国著名的领导力专家、成人教育培训专家丹尼斯·维特拉在其著作《成功的素质》一书中写道："真正的领导者，不管他是工作在商业领域、技术领域、教育领域，还是公共事务领域，都有区别于社会中其他人的特质，这种特质不在于出身的贵贱、天赋的优劣，而在于他们具有成功者的自控力。"事实上也的确如此，现实社会中，出身高贵、天赋优异的堕落者和天资平凡、出身低贱，但自控力积极，通过后天努力而获得成功的案例都比比皆是。

即使头脑聪明，如果没有积极的自控力，那么优秀的禀赋也就得不到锻炼和利用，终将一事无成。甚至有人可能将优秀的禀赋用在相反的方面，危害社会，断送自己的未来，甚至生命。反之，即使没有先天的优势，只要自控力端正、积极努力地学习知识、提高素质，就能在很大程度上弥补先天条件的不足，可以依靠自己的实力和强大的自控力拼搏进取、开创事业。

强大的自控力不仅能提升团队的战斗力，还能提升个人的战斗力。

不幸的是，很多人还不是很认同我们以上所论述的观点，他们认为仅凭才干，或者才干加经验、巨大的资金优势、人际关系优势就能获得成功。更为可怕的是，还有很多人看到一些自控力差的人通过一些非正常途径也获得了"成功"，便对强大自控力的作用不加重视，甚至视其为"无用""成功慢"或"傻子思想"。这必将对他们个人和他们所在的团队带来巨大的潜在危害。这种危害或许不会立即显现或一次就发挥出巨大的威力，但它最终一定会让你后悔莫及。

大量的事实表明，自控力缺乏最终将导致团队分裂、衰败，甚至毁灭。就如同前面所讲的那个故事，虽然有着球技高超的球员，有着良好的传统（我们姑且不论他们的传统是否正确合理）和声誉，但仅仅因为其中一两个球员自控力的转变，就导致了整个球队的衰败。

如果你希望打造一支强大的团队，并且希望团队创造出优异的成绩，那么你就需要一批优秀的团队成员，并赋予（依靠你自己强大的自控力去影响、感化和启发他们）他们强大的自控力。当团队中的每一名成员都满怀对胜利的强烈渴望的强大自控力时，整支队伍的凝聚力、战斗力就会大大提升。

团队领导的合作自控力

帮助别人往上爬的人，会爬得更高！

如果你帮助其他人获得了他们所需要的东西，你也能因此而获得自己想要的东西，而且付出得越多，得到的也就越多。从本质上

　　　　超级自控力

来说，领导者对团队的领导就是一种帮助、一种服务，把为团队成员提供帮助和服务的工作做得越好，团队的战斗力就越强，团队的成绩也就越好，而这也正是领导者的业绩所在。

任何一个团队的领导者，他的任务不仅是提高自己的工作效率，更重要的是帮助团队成员提高他们的工作效率。事实上，这本身就是领导者的职责。

领导的本质是合作，是让自己更好地与团队成员合作，促进团队成员之间相互合作。领导者与团队成员之间的关系实质上是一种合作的关系。

商业社会，任何一个人要想成为成功的领导者，都必须本着一种合作的态度与自己的团队成员一起工作。

合作就是力量，只有合作才能提高生产力，才能达到领导的目的。团队就是一个集体，领导者和团队成员是站在不同高度的起点上同时进步的。正因为是集体同时进步，所以它比个人单独奋斗的速度要快，成就要高，而领导者在这个过程中所获得的进步往往多于团队中的其他成员。当然，这与领导者所承担的责任和风险也是相当的。

要建立一个完整的团队，往往需要多种人才，简单地把所有人组织起来或许并不是什么难事。但是，仅仅把人员组织到一起是没有任何价值的，作为领导者，其最重要的任务是保证所有成员最大限度地发挥出各自的才能，相互协作，共同完成好每一项任务，共同创造出更大的价值。这也就是说，一个合格的领导者，不仅要自己树立起与团队成员合作的自控力，更重要的是还要把自己的这种自控力传染给团队中的每一个人，也只有这样，才能使整个团队更加强大，才能从根本上提升团队的战斗力。许多团队之所以业绩不佳、甚至分裂衰败，就是因为团队的领导者没有相互合作的自控力，更不用说帮助团队成员树立起这样的自控力。

相互协作、共同进步这种积极的自控力是一种最有益的企业文化。

领导者与追随者的区别之一，就是领导者能领导和推动团队中的所有成员进行行之有效的合作，充分协调好所有人之间的相互关系。合作是领导才能的基础，也是领导者应当具备的基本自控力。一个人若能领导其他人进行合作，或者鼓舞他人工作，使他们更加活跃，并使他们相互之间形成良好的合作关系，那么这个人所具有的才能和所创造的价值并不比那些以更直接的方式参与团队工作的人少。从整体上来说，他的重要性甚至高于普通的团队成员，这也就是领导者的价值所在。

每一位团队的领导者，不论是什么级别、从事什么行业，都必须明确合作自控力的重要性。因为任何一个团队、任何一个组织机构要想获得成功，都必须进行有效的合作。

在英文中"Cooperation"即"合作"，它不仅代表商业团队和社会组织内部与外部的合作，还包含夫妻和家庭成员间的团结合作。事实上，这种合作的态度对任何人都是非常重要的，而不仅是领导者。任何一个渴望有所成就的人、渴望生活快乐的人，都应该及早树立起这样的态度，并用它去影响周围的人。

美国一家著名的管理咨询机构进行的一项调查表明：在美国，因为缺乏合作精神导致团队内部或外部沟通不畅而衰亡，是企业失败的主要原因之一。那些失败的领导者也是缺乏合作态度的领导者，他们未能使合作的态度在团队内部相互传染。

没有人喜欢被人随意指挥和使唤，没有人喜欢被人牵着鼻子走，如果你想确立良好的合作关系，就要事先征询他人的愿望、需要和想法，让对方觉得你对他的要求是他自己的意愿而非强迫。通常，领导者可以通过以下原则逐渐树立起自己的合作自控力，并以此去影响团队的成员。

（1）自己首先要有合作的自控力；

（2）让团队成员知道团队的发展目标、他们自己的发展方向，了解他们内心的真实想法，让他们觉得你对他们的要求是实现你们共同发展目标的需要；

（3）换位思考，善于从团队成员的角度去看待问题；

（4）"请求"团队成员的帮助和支持；

（5）主动承认自己的失误并且道歉；

（6）让团队成员理解并支持你的决策和要求等。

领导的本质是合作，合作的自控力就是一种领导力。

领导者的作用不是亲自去做所有具体的事务，一个倾向于孤军奋战的人是无法成为团队领导者的，即使能够谋得其位，最终也会败于其上。领导者与团队的关系就是鱼与水的关系，领导者一旦离开团队，就不成其为领导者，也不可能有更广阔的发展。

任何行业单凭个人的力量都是不可能取得巨大成就的，团队的命运和利益包含着每一个成员的命运和利益，只有整个团队发展得更好，团队成员才能获得更好的发展。而领导者作为团队中最重要的一分子，只有充分与团队成员合作，融入团队之中，带领团队创造出更好的成绩，使团队更加强大，自己也才能有更大的发展空间。

自控力能强化领导力

成功的领导者都是积极自控力的传播者和追随者，是积极的自控力强化了他们的领导力。

简单地说，这个世界上只有两种人，一种是领导者，一种是追随者。领导者之所以能成为领导者，是因为他们能树立积极的自控力，并利用这种自控力去影响其他的团队成员。追随者之所以始终是追随者，是因为他们是消极自控力的传播者，很容易受到消极自控力的感染，或者只能被动地接受积极自控力。

当一名追随者并没有什么坏处，但你却很难最大程度地发挥你的人生价值，获得更高的成就，因为你得不到更好的发挥个人才能的平台。事实上，几乎所有成功的领导者都是从当追随者开始的，所有领导者都是从追随者中成长起来的。他们之所以能从追随者变成领导者，是因为他们不是平庸的追随者，而是聪明的、善于学习的追随者。他们具有一些其他追随者所不具备的领导特质，比如能力、品质、行为习惯，而这些因素都是积极自控力在不同方面的具体表现。

因此，从某种角度来说，是积极的自控力成就了他们。

现代社会，一个人要成功创富，就必须成为他所在那个领域的领军人物。而能否成为一个领域的领军人物，关键就在于是否能始终保持积极的自控力，并去影响周围的人。

拥有和保持积极的自控力本身就是一种能力，一种领导者必须具备的至关重要的能力。

下面我们对一个称职的领导者所应具备的积极自控力和基本素质分别进行简要介绍：

1. 强烈的责任感

领导者必须要有强烈的责任感，对自己负责，对团队负责，对团队成员负责，这是作为一个领导者的基本素质和自控力。同时，领导者还必须愿意为成员的缺点和错误承担责任。如果不善于承担责任，甚至推卸责任，那他就不是一个合格的领导者。在外界看来，一个团队中出现任何较大的缺失，都是领导者的失败，是他失职或不称职的体现，或者说领导者自身就存在这些问题。

2. 自信和勇气

自信和勇气也是对一个领导者的基本要求，这是由领导者自身的心理素质和其所拥有的专业知识所决定的。只有自信，且又对自己所从事的领域比较了解的领导者才有可能带领好自己的团队，因为没有任何一个追随者愿意长期追随一个缺乏信心和勇气的领导者。

3. 良好的自制力

只有善于控制自己的人才能更好地控制别人。称职的领导者必须善于控制自己的言行举止，控制自己的情绪，以身作则，为自己的追随者树立良好的榜样，对他们发挥积极的影响力。一方面促使被领导者自觉地效仿你的优点和长处，另一方面，让被领导者从你身上看到未来的希望。

4. 坚定果敢

领导者必须具有快速而准确地做出决策的能力，既要当机立断，又能随机应变。一个优柔寡断的领导者，遇事犹豫不决，就很难快速而有效地处理纷繁复杂的事务，充分协调好各方面的关系，赢得追随者的支持和信任。

5. 富有协作精神

前面我们对领导者的合作自控力和能力进行了比较详细的讨论。需要强调的是，领导者不仅要善于和自己的追随者合作，还要善于协调追随者们之间的关系，只有这样才能促进团队的发展。

6. 要有准备和计划

一个优秀的领导者必须要有自己的工作计划和整个团队的发展计划，只有事先拟订好自己的目标和计划，并在具体执行的过程中不断地调整完善，才能让追随者有计划、有准备地工作，避免许多不必要的损失。

7. 要有强烈的正义感

一个没有正义感的领导者，本身的道德就有问题，会让追随者觉得没有安全感，因为他们的利益得不到任何保障。领导者应该公平公正地对待自己的追随者，领导者处事不公平常常是导致团队分裂的根源之一。

8. 要有奉献精神

领导者必须要具有奉献精神，这不仅是为了给自己的追随者树立榜样，也是实际工作的需要。因为领导者必须对自己的团队负全责，需要随时随地考虑整个团队的事务，甚至为达成团队的目标而牺牲个人的利益。

9. 了解自己的职责

了解自己的职责是领导者的首要任务。如果一个领导者不清楚自己的职责，不知道自己所带领的团队的工作性质和奋斗目标如何，他就无法进行领导，更不可能成为一个优秀的领导者，获得更大发展。

10. 善于与员工沟通

作为一个团队的领导者，必须善于与自己的追随者进行沟通，了解他们的想法、帮助他们解决问题、赞扬和鼓励他们，将所有成员的思想统一到团队的工作目标上来，从而提高团队的战斗力和工作业绩。

11. 敢于承担风险

风险和利润成正比，一个团队要想创造出骄人的业绩，团队的领导者就要敢于承担必要的风险。一个不敢冒风险的领导者是很难有大成就的，而他所带领的团队也就难以立足于竞争激烈的强者之林。

12. 要有创新精神

创新是进步的象征，是对未来的积极追求。一个领导者如果没有创新意识，就很难去要求他的追随者创新。这样，整个团队就会失去竞争力，团队的发展就会面临危机。在这个竞争激烈的商业社会，不能创新就会落后，落后就要灭亡。

领导者的商业价值（其所获得的报酬）之所以比普通员工高，就是因为其具有胜过一般团队成员的特殊能力，他所承担的风险比别人大，需要付出的比别人要多（至少有这种倾向）。一个追随者要想成为一名领导者，一个领导者要想成为一名优秀的领导者，就必须培养、提高和完善自己的领导特质，挖掘自己的潜能，保持自己的个人竞争力。

领导的自控力决定队伍的气势

领导是一个团队的灵魂人物，他的自控力往往决定着一个队伍的气势，一个糟糕将领可以毁掉一个团队，同样一个优秀将领也可以成就一个团队。现在世界知名的雅芳，就曾经面临过被淘汰的危机，但是换到钟彬娴上任之后，却挽救了这个品牌。

100多年前，一位美国男子创立了美容化妆品"雅芳"，100多年后雅芳已发展为全美500家最有实力的企业之一。

1999年，是美国有史以来最大的经济繁荣期，雅芳的股票却一落千丈，公司运营走入低估。许多女性开始不愿意推销雅芳的产品，产品销售量也急剧下降，品种似乎已经与时代脱节了。雅芳在步入生命第43个年头的时候，钟彬娴接手了雅芳。她也是雅芳百年历史上第一位华裔女 CEO。

1999 年 12 月，在她上任 4 个星期后的一次分析研讨会上，推出了一项"翻身"计划。她说，要开拓全新的产品领域，开发一鸣惊人的产品。最令人惊讶的是，她没有放弃表面上看来已经过时的直销销售方式，同时提出通过零售点销售雅芳产品——这是在雅芳 115 年的历史中从未有过的。通过这种方式，仅一个季度，雅芳的销售代表总数就增长了将近 10%。

更优的产品加上更优的销售方式，使得雅芳在竞争中逐渐找回了过去的优势地位，在化妆品行业牢牢占据一席之地。雅芳的起死回生与钟彬娴的高自控力是分不开的。同样的事例在商业历史上不胜枚举：乔布斯两度挽救苹果电脑，张瑞敏创造海尔神话，洛克菲勒缔造石油帝国……一个好的高自控力的领导者，可以改变企业的不利处境，将原本普通的企业培养成为精锐的部队。

作为团队权利的"高自控力君主"，领导也必须要有自知之明，如果在自己不擅长的方面自作主张，在重要的场合说不符合自己身份的话，都会让自己的领导地位被动摇、失去民心。

福特二世在 29 岁时就开始了对福特汽车公司的领导。他年轻气盛，重用一些他喜欢而且易于相处的部属。福特二世认为只有拥有他最满意的个性和品格的人，才能够成功地领导其他员工，因而在他周围影响决策的公司管理人员基本上呈单一的领导风格。由于他自己具有高度自制、竞争的个性，因此在管理人员的选择上，忽视严谨深思的人，以至于在这家历史悠久的公司中，麦克纳马拉和艾柯卡这类个性的人凤毛麟角，且难以长期容身。

显然，他并没能够充分地认识到领导风格的基本原理，也未能了解心理学的相关知识，以致不能发现其他众多公司管理人员所具有的不同个性和品格。福特公司后来在经营上一度蒙受重大的损失，其重要原因就在于管理人员未能进行思考和反省，从而无法及时而敏感地意识到市场的变化，发现消费者在购买汽车时的心理变化。

实际上，福特二世是一个称职的领导，他果断、坚忍、勇敢，但是他极度缺乏弹性与合作精神，因而刚愎自用，一意孤行。在他的领导期间，福特的竞争力大不如前。

一个高自控力的领导可以带活企业，然而一个低自控力的领导会阻碍企业前进的脚步。每一个领导的决策都是希望自己可以把公司带进更好的发展空间。但是一个团队要面临的问题非常驳杂，每一个领域都需要有专业的人士来管理。如果仅仅按照领导自己的喜好来运用权力，最后就可能让人才流失，适得其反。反之，能够在自己擅长的领域中发挥优势，则是明智的选择。

西方管理理论认为领导者是在最上层的，整个组织都为其服务，德国社会学家韦伯提出的科层制就是很好的理论代表。他创立了社会组织内部职位分层、权力分等、分科设层、各司其职的组织结构形式及管理方式。科层制的主要特征是：

★内部分工，且每一成员的权力和责任都有明确规定。

★职位分等，下级接受上级指挥。

★组织成员都因为具备各专业技术资格而被选中。

★管理人员是专职的公职人员，而不是该企业的所有者。

★组织内部有严格的规定、纪律，并毫无例外地普遍适用。

★组织内部排除私人感情，成员间只是工作关系。

领导是位于金字塔的尖顶、还是圆轮的中心，与员工最大的区别在于他需要对多少人负责。金字塔顶端的人只需要对手下的一两个主要助手负责，但是居于圆心的领导者则要尽可能多地接触到周围的人，综合各方面的信息，迅速沟通和处理好存在的问题。虽然金字塔顶端的人看起来比较轻松，但是他很容易失去倾听民声的机会。

过去企业往往流行的是独裁的领导风格。领导层的管理方式十分严苛，不能忍受别人犯错，一经指示便希望别人一丝不苟地把工作做得最好。这是一种传统的管理方法，现在已经很少被人采用，因为这类主管较少受人爱戴。今天所有的企业都在讲究人性化管理，"以人为本"的口号也已经喊了很多年。但到底什么是人性化管理，其实很多人并没有把这个理念吃透，反而矫枉过正，把无原则的管理当作成"以人为本"大加采用。

世界著名足球俱乐部意大利国际米兰曾经一度陷入无原则的管理之中。莫拉蒂上任国际米兰的主席后，就把他一直讲究的"人道主义"发挥到了极致。莫拉蒂溺爱球员的例子不少，但惩罚球员的事情却不多，如果有球员迟到早退或者缺席训练，莫拉蒂总是大事化小、小事化了。球员迪比亚吉奥集训期间偷偷离开集训地，莫拉蒂赛季后才把他扫地出门赶到了布雷西亚。

莫拉蒂这样宽容无度的无原则管理造成队内的混乱，直接后果就是此后很长的赛季中，一度连冠军杯资格都失去，联赛也很久没有拿到冠军，这支强队竟然一度被同城的 AC 米兰踩在脚下。此间国际米兰取得的荣誉远不如另外两支球队 AC 米兰、尤文图斯多。球员托尔多批评国米的管理应该多向人家学习，却被俱乐部前所未有地罚了款。从那之后，托尔多回答记者的问候都说："你们知道我不能讲话。"可见，国际米兰主席莫拉蒂当时的管理有多么离谱。

　　莫拉蒂一直坚持的"人性化"管理的结果让他自己都不知所措。因为他错把人性化管理当成了无原则管理。随着人与人之间社会联系的进一步加深，人性化管理越来越被重视，人与人之间的微妙关系十分重要，正确地处理这些关系会让你做起事来觉得得心应手，这也是高自控力领导者应具备的能力。

修炼领导力的途径

　　真正的领导者是能影响别人，使别人追随自己的人物，他能使别人参加进来，跟他一起干。他鼓舞周围的人协助他朝着他的理想、目标和成就迈进，他给了他们成功的力量。职务只是让领导力有了一个更好的平台，并不是有职务就一定有领导力，没有职务也可以具有良好的领导力，因为领导力主要是对他人的一种影响力。

　　领导力专家琼斯说："处于任何层次的职员都可以对整个组织作出自己的贡献，每个人都能以这种方式发挥其领导力。"我们每个人都应该修炼个人影响力以推动自身与企业的发展。不需要身处高位，企业中的班组长和普通员工也可以修炼领导力。

泰罗在《科学管理原理》中说："我们将来会认识到，老的人事管理体制下的任何一个伟大人物都不能和一批经过适当组织而能有效地协作的普通人们去比较高下。"约翰·科特的理论属于领导特质理论。在深入研究了各种来自不同行业、不同公司的成功的总经理之后，约翰·科特研究发现，尽管这些被调查的总经理在举措、风格和行为模式上有着极大的差异，但总体上看，成为优秀领导者所需具备的基本素质要求平平，大部分人都具备，后天的经历才是关键因素。科特由此推论出他认为的影响领导能力的因素：

★领导者应该有魄力、野心和精力

这种"雄心壮志"或许是成年之前就已经形成的最明显的特点之一，在后天的成长经历中或被压抑、或被弘扬。只有具有旺盛的内在动力，不满足于现状，渴望发展的人，才能获得成功。没有这种内在的驱动力，就不可能让一个人保持上进和追求的精神，就不能全力以赴地投身事业。

★拥有某种超出常人的基本智力

有卓越领导才能的人不一定是天才，但他们往往在关键方面略胜他人一筹。面对大量不同的信息，领导者需要分辨真伪，提取有用、重要的信息，找出信息之间的相互联系，继而判断局势，作出决策。这是一项具有相当难度、相当复杂的任务，拥有敢作敢为、当机立断的魄力，来自智力的支持。魄力还是蛮力，差别在于智力的铺垫。

对于这一品质的形成，童年时所受的教育非常重要，但在具有这一品质的前提下，成年经历起扩展作用。如果基本智力不足，领导者就难于在复杂环境中确立正确的方向。

★心理和精神的健康

自恋、偏执或者高度的不安全感很少出现在优秀的领导者身上。优秀的领导与人进行接触、交流时，会正确看待问题，这源于他们的内心健康积极，而这正是处理人际关系的重要素质。只有非常注重与他人联系，准确把握他人的情感和价值观，才能处理和协调好人际关系，动员全体成员向着共同目标协作努力。如果缺少起码的精神和心理健康，在处理人际关系上就很难与他人合作，甚至有可能对问题歪曲和误解，进而可能使确立的远景目标存在缺陷，导致偏差。

★品格良好

我们常说到人格魅力，人格可以形成强大的磁场，让很多人心悦诚服地辅助他、支持他。俄罗斯总统普京是一个标准的草根平民，但是凭借着出色能力和为人谦和正直的人品，他在政治道路上顺风顺水，很快就进入了政坛高层。野心勃勃、干劲十足、才能非凡但缺乏正直感的人，更容易引起他人的防范之心。正直与否，主要受一个人成年后的经历的影响，但所受教育也具有相当重要的作用。

以上四种品质，在科特看来是对重要领导职位的最低要求。但是他也相信，极少有人能够高水准地同时具备。取得成功的领导者，不要求他各方面都非常优秀，只要求他不存在品格上的重大缺陷。对于很多目前的领导人来说，与其花大量的精力在培养某一方面的特长上，不如从自我的整体素质考虑。

领导力还体现在沟通交流能力，这点无论在生活中还是工作中都十分重要。一个善于与别人交流的管理者，可以让自己的设想被部下所理解与接受，因此能保证命令的可靠执行，也可以得到部下的充分信任，让部门中充满团结协作的气氛。

高超的沟通能力，是管理者事业成功的基础和保障。下面来做一个小测试，看看你在管理中的沟通能力吧。请阅读下面的题目，并根据自己的实际情况回答"是"与"否"。

1. 我经常召开部门会议，既讨论工作问题，又探讨一些大家感兴趣的问题。

2. 我会定期与每位部下谈话，讨论其工作进展情况。

3. 我每年至少召开一次总结会，表扬先进，鞭策后进，同时广泛征求群众意见，让大家畅所欲言。

4. 我尽量少下达书面指示，多与部下直接交流。

5. 当单位内出现人事、政策和工作流程的重大调整时，我会及时召集部下开会，解释调整的原因及这些调整对他们今后工作的影响。

6. 我经常鼓励部下畅谈未来，并帮助他们设计未来。

7. 我经常召集"群英会"，请员工为单位经营出谋划策。

8. 我喜欢在总经理办公会上将本部门工作进展公布于众，以求得其他部门的合作与支持。

9. 我常在部门内组织协作小组，提倡团结协作精神。

10. 我鼓励员工积极关心单位事务，踊跃提问题、出主意、想办法，集思广益。

11. 我喜欢做大型公共活动的组织者。

12. 我在与人谈话时喜欢掌握话题的主动权。

答"是"得1分，答"否"得0分，计算总分。

8～12分：你表现得很好，善于与他人，尤其是与部下交流，促进互相了解，因此能避免各种由于沟通不足所产生的问题。在原则问题上，你既善于坚持、推销自己的主张，同时还能争取和团结各种力量。你自信心强，部下也信任你，整个部门中充满着团结协作的气氛。

4～7分：你比较重视将自己或上级的命令向下传达，但不太注重听取下级的意见，认为众口难调，征求意见只会使问题复杂化。因此在你的部门内，虽然各项任务都能顺利进行，但下属的意见不受重视。这样不但浪费了宝贵的人力资源，也会打消下属的工作积极性，使得他们感觉自己只是一台机器，机械地执行命令，却不能有自己的想法。

0～3分：由于你对交流能力的重视不够，导致你距优秀管理者尚有一段不小的距离。要知道，作为一名管理者，你有责任主动将充分的信息传达给下属，而不应让他们千方百计地自己寻找信息。

领导者情绪的扩散效应

任何一个人，都可能成为一名出色的管理者。但真正能成为管理者的人并不多，这并非是谁有管理的天分，只是大多数人都没有注意到管理情绪这个问题。管理者需要有些比非管理者更出色的能力，而这些能力并不神秘，只要注意，我们都可以做到。

作为领导，最主要的就是让下属尊敬和追随，这样才能体现自己的领导力量。但权威已经不再是笼络人心的方式，它只会让领导者的情绪扩散，产生不好的效果。然而一个高自控力的领导者知道人格魅力是重中之重，人格魅力也可以形成扩散作用。

如果你想做团队的老板，相对简单得多，你的权力主要来自地位，这可能来自你的努力和专业知识；如果你想做团队的领袖，则较为复杂，你的力量源自人格的魅力和号召力。领导者只有把自己具备的素质、品格、作风、工作方式等个性化特征与领导活动有机地结合起来，才能较好地完成执政任务，体现执行能力；没有人格魅力，领导者的执行能力难以得到完美体现，其权力再大，工作也只能是被动的。

人格魅力是由一个人的信仰、气质、性情、相貌、品行、智能、才学和经验等诸多因素综合体现出来的一种人格凝聚力和感召力。有能力的人，不一定都有人格魅力。缺乏优秀的品格和个性魅力，领导者的能力即便再出色，人们对他的印象也会大打折扣，他的威信和影响力也会受到负面影响。

松下幸之助有一个习惯，就是爱给员工写信，述说所见所感。

有一天，松下正在美国出差，按照他的习惯，不管到哪个国家都要尽量在日本餐馆就餐。因为，他一看到穿和服的服务员，听到日本音乐，就觉得是一种享受。这次他也毫无例外地去日本餐馆就餐。

当他端起饭碗吃第一口饭的时候，大吃一惊。因为，他居然吃到了在日本都没吃到过的好米饭。松下想，日本是吃米、产米的国家，美国是吃面包的国家，居然美国产的米比日本的还要好！此时他立刻想到电视机，也许美国电视机现在已经超过我们，而我们还不知道，这是多么可怕的事情啊！松下在信末告诫全体员工："员工们，我们可要警惕啊！"

以上只是松下每月写给员工一封信中的一个内容，这种信通常是随工资袋一起发到员工手里的。员工们都习惯了，拿到工资袋不是先数钱，而是先看松下说了些什么。员工往往还把每月的这封信拿回家，念给家人听。在生动感人之处，员工的家人都不禁掉下泪来。

松下幸之助的信，就是他高自控力所在之处，他写信常常打动员工及员工家属，这种扩散效应是如此之大，其结果就是让员工心甘情愿地忠诚于公司。在这一点上，拿破仑做得也非常好。

拿破仑在一次与敌军作战时，由于敌军实力过强，所以拿破仑一连战败。在长达三天三夜的顽强抵抗后，队伍损失惨重，形势非常危险。就是这个时候，拿破仑也因一时不慎掉入泥潭中，弄得满身泥巴，狼狈不堪。

这虽是突如其来的狼狈，但此时的拿破仑却浑然不顾。因为他内心只有一个信念，那就是无论如何也要打赢这场战斗，他要听到胜利的号角。只听他大吼一声："冲啊！"他手下的士兵见到他那副滑稽模样，忍不住都哈哈大笑起来，同时也被拿破仑的乐观自信所鼓舞。

一时间，战士们群情激昂、奋勇当先，终于取得了战斗的最后胜利。

这个故事告诉我们，一个领导者的情绪是有扩散作用的，如果拿破仑在绝望的时候也放弃了，那么这场仗肯定会失败。然而正是拿破仑的积极情绪得到了扩散，才鼓舞了士气，并取得了胜利。

自控力影响领导的有效性，但要想成为高自控力的领导者并不是一件容易的事情。作为领导者，应该重视对自身自控力的开发和培养，提高领导效能。

正确识别自身和他人情绪是提高自控力的基础。领导者可以通过以下三方面来提高情绪识别的能力：

★关注自身情绪。领导者首先必须对自己的情绪给予关注，从而对自己的情绪有准确的认知。

★学会准确表达自身情绪。准确地表达自身情绪并能使他人准确接收是进行有效沟通和交流的基础。领导者首先必须学会运用语言或非语言的信息准确地表达自己的情绪。

★善于识别他人情绪。领导者要善于从一些细微的线索认知他人的情绪，这些线索包括他人的面部表情、言语的语调和节奏、手势和其他身体语言等。

自控力与团队合作

提升团队自控力路径多

德鲁克认为，如果一个成长中的企业其利润达到在三五年内翻一番，那么创始人则必须开始组建新组织很快就会需要的团队。对于企业而言，要使企业成为一个长寿企业，就要尽早打造优秀的团队。而打造优秀的团队则需要提高团队的自控力。

微软之所以能由一个小公司发展成为全球软件公司的领导者，其根本原因就在于比尔·盖茨打造了优秀的自控力团队。在微软的任何一个团队中，都传承着这样一种理念：没有永远的老板与员工。老板与员工在一起，不仅是一起工作，更是在一起分享成功与失败、快乐与悲伤。开放的环境形成开明的领导，这使得微软人的团队意识非常强，他们形成了独特的团队精神：成败皆为团队共有；大家互教互学；互相奉献和支持；遇到困难互相鼓励，及时沟通；靠团队智慧；承认并感谢队友的工作和帮助；甘当配角，等等。

在这样一个整合的团队中工作，每个人的工作潜能和激情都能更好地挖掘。微软的人才观是：具有敬业精神，具有解决问题的能力和快速学习的能力，工作热情，具有创新精神和独立工作能力。在微软，强烈的团队精神、开明的领导风格，使员工有广阔的发展空间，为个人才能的发挥提供了平台。

微软每做一个重大的计算机操作系统，都需要成百上千名工程师鼎力合作才能成功。他们的团队成员有着高自控力，他们知道，个人的力量实在太有限，只有依靠团队的力量才能获得成功。

那么怎样提高一个团队的自控力呢？

★以责任精神为核心的自我管理

有一个基督教徒在临终前遇到接他去天堂的天使，天使说："由于你一生行善，成就很大的功德，因此在你临终前我可以帮你完成一个你最想完成的愿望。"这个人说："天堂与地狱究竟长什么样子？在我死之前，你可不可以带我到这两个地方参观参观？"天使说："没问题。"这个人跟随天使来到地狱，用餐的时间到了，只见一群骨瘦如柴的饿鬼鱼贯而入。每个人手上拿着一把长十几尺的勺子，他们用尽了各种方法，尝试用他们手中的勺子去盛菜吃，可是由于勺子实在是太长了，最后每个人都吃不到东西。"我再带你到天堂去看看。"到了天堂，同样的情景，每个人同样用一把长十几尺的长勺子。不同的是，围着餐桌吃饭的是一群洋溢欢笑，长得白白胖胖的可爱的人们。他们同样用勺子盛菜，不同的是，他们喂对面的人吃菜，而对面的人也喂他们吃，因此每个人都吃得很愉快。

天堂与地狱的区别就是，天堂里的人懂得进行自我管理、互相帮助，他们相互之间构建了一种责任群，每个人都负有"喂别人吃饭"的责任，同时也享有"别人喂自己吃饭"的权利。如果没有构建责任群，而是独善其身，各顾各的，那么，只能把自己打入"吃不到饭"的地狱。团队也一样，只有每个成员都学会自我管理，才能让落实工作顺利进行下去。

★统一的价值导向是走向高自控力团队秘诀

统一价值导向，首先要明确团队在整个企业组织中的价值，然后在工作中，团队成员要达到在众多的价值取向里，优先考虑价值的一致性，因为这样才可以保证团队成员共同的行为取向、保证价值观和行为的统一，这样的团队才会产生合作的力量。

★愿景

团队协作的深层动力。没有目标就没有动力。团队的愿景要建立在组织的定位上，团队的愿景必须符合组织的愿景。一个高绩效的团队中的每一个成员都会忠于团队的愿景，并且以团队的目标为个人的目标，促使自己不断提升。

★创新和改进

这是团队竞争力常青的基石。在生物法则下，团队也有作为生命有机体的诸多生命现象，如追求成长，遵从优胜劣汰的自然规律，有自觉能力并对环境作出反应等。在生物法则下，任何团队都不再是一个孤立静止的实体，而是一个不断发展的生命体，而且团队也具有从出生到死亡的生命周期。因此，团队只有在变革、创新中才能成长，也只有创新和变革才能保证团队绩效不断提升。

★统合综效

微软中国研究院的张湘辉博士说："如果一个人是天才，但其团队精神比较差，这样的人我们不要。中国 IT 业有很多年轻聪明的人才，但团队精神不够，所以每个简单的程序都能编得很好，但团队编大型程序就不行了。微软开发 WindowsXP 时有 500 名工程师奋斗了 2 年，有 5000 万行编码。软件开发需要协调不同类型、不同性格的人员共同奋斗，缺乏领军型的人才、缺乏合作精神是难以成功的。"

通过以上的途径提高团队的自控力，可以让团队拧成一根绳，从而发挥团队的最大力量。

看过德国足球队比赛的人应该都注意到，这个被称为"日耳曼战车"的球队，频频在世界级的比赛中问鼎冠军，可整个球队却难以找出一个技术超群的个人球星。一位世界著名的教练说："在所有的队伍当中，德国队是出错最少的，或者说，他们从来不会因为个人而出差错。从单个的球员看，他们是不完美的，德国队是脆弱的。可是他们 11 个人就好像是由一个大脑控制的，在足球场上，不是 11 个人在踢足球，而是一个巨人在踢，对对手而言那是非常可怕的。"

全队拧成一根绳子，发挥团队的最大力量——这就是德国队成功的秘诀！企业也是如此，企业是一艘巨大的航母，每一个员工都是它不可或缺的一部分。这艘航母能否朝着企业的预定目标前进，实在是有赖于全体员工的精诚合作。只有每一个员工的力量都保持一致，企业前进的利箭才会以无坚不摧的力量射中靶心。

效率基于自控力

把时间和精力放在最重要的事情上，就能用更少的时间做更多的事。在你的工作中，事实上是由20%的关键工作在发挥80%的效能，所以，就算你花了80%的时间，最后也只能取得20%的成效。但如果你把时间花在解决这些关键的少数问题上，你只需花20%的时间，就可取得80%的成效。

我们强调的效率是指掌握良好的工作方法，而不是延长工作时间。有些人非常繁忙，似乎有许多事情要做，他们也常常为了完成任务而拼命加班，但所有的时间管理专家都不鼓励你为完成工作任务而延长工作时间，因为那样只会把工作的战线越拖越长，提高时间利用率、提高工作效率才是正确的解决之道。整天像一只无头苍蝇一样忙个不停的人是不会有高效率的。

我们提倡在工作中提高效率，更快更好地完成任务，并不是说要以延长工作时间，甚至是牺牲自己的休息时间为代价。强迫自己工作，只会耗损体力和创造力。解决这一问题的关键仍是找对方法，找到了合理的工作方法，不但能够保证工作高效地完成，还能从中享受到工作的乐趣。我们需要时间暂时工作，而且要经常这么做。每当你放慢脚步，让自己静下来，就可以和内在的力量接触，获得更多能量，重新出发。一旦我们能了解，工作的过程比结果更令人满足，我们就更乐于工作了。

曾经有三个年轻人结伴出行，寻找发财机会。在一个偏僻的小镇，他们发现了一种又红又大、味道香甜的苹果。由于地处山区，信息、交通等都不发达，这种优质苹果仅在当地销售，售价非常便宜。

第一个年轻人立刻倾其所有，购买了 10 吨最好的苹果，运回家乡，以比原价高两倍的价格出售，这样往返数次，他成了家乡第一个万元户。

第二个年轻人用了一半的钱，购买了 100 棵最好的苹果苗运回家乡，承包了一片山，把果苗栽种，整整 3 年时间，他精心看护果树，浇水灌溉，没有一分钱的收入。

第三个年轻人找到果园的主人，用手指指着果树下面，说："我想买些泥土。"

主人一愣，接着摇摇头说："不，泥土不能卖。卖了还怎么长果？"他弯腰在地上捧起满满一把泥土，恳求说："我只要这一把，请你卖给我吧！要多少钱都行！"

主人看着他，笑了："好吧，你给一块钱拿走吧。"他带着这把泥土，返回家乡，把泥土送到农业科技研究所，开垦、培育出与那把泥土一样的土壤。然后，他在上面栽种了苹果树苗。10 年过去了，这三位结伴外出寻求发财机会的年轻人命运迥然不同。

第一位购苹果的年轻人现在每年依然还要购买苹果，运回来销售，但是因为当地信息和交通已经很发达，竞争者太多，所以赚的钱越来越少，有时甚至不赚钱或者赔钱。

第二位购买树苗的年轻人早已拥有自己的果园，但是因为土壤的不同，长出来的苹果有些逊色，但是仍然可以赚到相当的利润。

第三位购买泥土的年轻人，他种植的苹果果大味美，和山区的苹果相比不相上下，每年秋天引来无数购买者，总能卖到最好的价格。

从这三个年轻人的经历里，我们可以看到，三个人面对着同样的机遇，同样采取了行动，不过想法的差异却使三个人的行动产生了不同的后果。做多做少并不是衡量成功与否的标尺，行动的效率才是最有意义的标准。每个行动的力量，不是强大就是软弱；而当自己每个行动都变得强大有力时，你就能让自己变得富有。

勤奋造就高效，高效产生业绩，业绩成就员工。美国小说家马修斯说："勤奋工作是我们心灵的修复剂。是对付愤懑、忧郁症、情绪低落、懒散的最好武器。有谁见过一个精力旺盛、生活充实的人，会苦恼不堪，可怜巴巴呢？"

成功的机会不会白白降临到你的身上，只有勤奋工作，反复试验的人才有机会获得成功。但遗憾的是，意识到这一点的人并不多，大多数人早已养成了懒惰拖延的习惯。随时都想着"还有明天"，何来工作效率？想想你在工作中，是不是也常常存在这样主观上的懒惰？

松下幸之助说："忙碌和紧张，能带来高昂的工作情绪；只有全神贯注工作才能产生高效率。"仔细分析一下，在工作当中，有哪些事情是你最喜欢拖延的，那么现在就下定决心，将它改善。不管是天资奇佳的雄鹰，还是资质平庸的蜗牛，能登上塔尖，俯视万里，都离不开两个字——勤奋。只有勤奋，才有效率和业绩。

犹豫和拖延的习惯是一个人实现目标的最大阻碍。工作就跟围棋比赛一样，每一步都有时间限制，超时了，你就自动出局吧。职场就是战场，你不冲就是死路一条。即使你天资一般，只要勤奋工作，就能弥补自身的缺陷，最终成为一名成功者。

提升团队效率，团队中的每个成员，都必须做到以下六点：

★积极主动地倾听

我们经常没有听完对方说的话，就以为自己知道对方的意思了，因此经常造成误会。其实，听比说更重要。借由倾听，我们才能真正了解对方的想法及立场。

★以关怀支持的自控力说出事实

团队中最容易伤人的，便是那些没有考虑别人的立场与感受就说出口的话，而这些话通常不具建设性。所以我们必须内心抱有善意，从关怀与支持的角度来述说事实。

★保持适当的弹性

当团队中的每一分子都坚持自己的观点，并且没有一定的弹性空间时，便会出现僵局。当然，对于不可改变的真理与原则我们必须坚持，但是在处世的方法和沟通的态度上，必须保持适当的弹性。

★支持所同意的事

对于经过协调而全体同意的事，必须真心地接纳。若只是表面上同意，却在私下报怨，就会产生负面的影响。因此，凡事不要轻易同意，但全体同意的事就要全力支持。若是同意的事在实行之后失败了，也要共同承担责任，不要互相数落。

★分析生活压力

工作和生活通常都有高峰和低谷，有时忙得要死，有时较为轻松。假如长期觉得心力交瘁，应重新编订工作程序，尽早完成既定任务，腾出时间应付突发或艰巨的任务。假如仍没有改善，应考虑改变做事方式。

★勇敢迈出第一步，并坚持到底

万事开头难，可是踏出第一步便会发现不再如想象中那样困难。其实凡事拖延的成因，除了有行动滞后的特点外，无非是恐惧失败或顾虑，导致不能尽善尽美，因此消除恐惧的办法是将任务化整为零，按部就班处理自会事半功倍。完成一部分后会信心大增，斗志将更旺盛。

每个团队角色都要有自控力

美国西点军校毕业生、西尔斯公司第三代管理者金斯·罗伯特·伍德说："再强大的士兵都无法战胜敌人的围剿，但我们联合起来就可以战胜一切困难，就像行军蚁一样把阻挡在眼前的一切障碍消灭掉。"想要发挥团队的最大"战斗力"，就要求我们明确团队的角色，不要急功近利。

一个企业就像是一个机器，每个零件的作用都不一样，你是哪一个零件，起的是什么作用，自己应该清楚。只有清楚自己在整个公司中处于什么样的位置，才能明白你在这个位置上都应该做些什么。这就是角色定位和角色认知。在工作落实中，对于角色的最大投入就是对任务的完成。

一家公司需要再任命一位主管。董事会出的题目是寻宝：大家要从各种各样的障碍中穿越过去，到达目的地，把事先藏在里面的宝物——一枚金戒指找出来。谁能找出来，金戒指就属于谁，而且他（她）还能得到提拔。

参选的人们开始行动起来，但是事先设置的路太难走了，满地都是西瓜皮，大家每走几步都要滑倒，根本无法到达目的地。在他们的寻宝队伍中，斯特是这家公司的清洁工，他被落在了最后面。他把垃圾车拉过来，把西瓜皮一锹锹地装了上去，然后拉到垃圾站去。

几个小时过去了，西瓜皮也快清理完了。大家跳过西瓜皮，冲向了目的地，他们四处寻找，但是一无所获。只有斯特在清理最后一车西瓜皮的时候，发现了藏在下面的金戒指。公司召开全体大会，正式提拔这位清洁工。

董事长问大家："你们知道公司为什么提拔他吗？""因为他找到了金戒指。"好几个人举手答道。董事长摇摇头。"因为他能做好本职工作。"又有几个人举手发言。董事长摆了一下手："这还不是全部，他最可贵的地方在于，富有团队精神，他明白自己是团队中的角色，不去计较更多的利益。在你们争先恐后寻宝的时候，他只是在默默地为你们清理障碍。"董事长总结道。

在现代社会中，那些只顾自己的人，很难得到长足的发展；倒是那些时刻替别人着想的人，经常获得意外的收获。帮助他人有时就是在扫清你自己前进的障碍。我们需要养成这种为他人提供方便的合作习惯，与人合作的结果往往使你自己受益颇多。

美国的西点军校，历来注意对学员们团队精神的培养。学员们在有团队精神的集体里，可以实现个人无法独立实现的目标。他们明白自己是团队中的一员，他们看到在团体中的每一个人都会变得更有力量，而不是变得微小或默默无闻。

一滴水要想不干涸的唯一办法就是融入大海，这滴水就是一个一个的角色，而大海就是团队，一个员工要想取得大成就的唯一选择就是融入团队，而要想在工作中快速成长，就必须依靠团队、依靠集体力量来提升自己。

作为企业的一分子，一个优秀的员工能自觉地找到自己在团体中的位置，能自觉地服从团体运作的需要。他把团体的成功看作发挥个人才能的目标。他不是一个自以为是、好出风头的孤胆英雄，而是一个充满合作激情，能够克制自我、与同事共创辉煌的人。因为他明白离开了团队，他可能会取得一些小成绩，但终究成不了大业。而有了团队合作，他可以与别人一起创造奇迹。

要成为优秀团队成员，不仅要充分认识和发挥自己最适合的角色，还应该根据团队的要求调整自己的角色和行为。

每一个团队中，每个成员所扮演的角色各有不同，就是说，一个团队总是由不同的角色组成的。而优秀的团队成员总能够在团队内部找到适合自己的角色，并能为团队作出贡献。他知道何时应承担他最适合的角色，发挥他的最大价值，同时，他还能够根据团队的要求调整自己。

员工自己单打独斗可能会取得一些小成绩，但一旦员工加入了一个团队中，就会发现在团队中会发挥出自己更大的潜力。团队合作，是一场双赢的博弈，每一个参与的人都能从中分享到属于自己的那一份快乐。

团队中有了创新者，他可以不断地给团队未来的发展、管理以及信息技术方面带来创新，使这个团队能不断地吸纳新的内容往前走；团队中有了监督者，使得团队规则的维护、成员之间的正常交流，以及管理是否得当有了监督。可见，不同的团队角色之间的配合对一个团队来讲是多么重要。

公司作为一个团队，更是由不同的角色组成。研究表明，团队中一般有8种不同的角色，它们是：贯彻者、协调者、塑造者、培养者、资源调查者、监督评价者、协力工作者、完善者。研究表明，每一种角色的作用都是不同的，只有他们密切配合、互动合作，团队的工作才能走向完美。

下面来做一个小测试，看你在团队中是什么角色。

对于每个题目，请把10分按照最能描述你的行为的方式，分配到A~H之间。这10分可以分配给几个句子，在极端情况下，你也可以把10分全部分配给一个句子，当然很可能某几个句子的得分是零。（注意：必须用正整数进行分配）

1.我认为我所能贡献给团队的是：

A. 我能够迅速看到并且利用机会

B. 我非常善于同各种类型的人一起工作

C. 我认为贡献思想、产生主意是我的一个天然资源

D. 我的能力在于，不管什么时候，只要我觉得谁具备一定价值，我就能说服他为团队的目标作贡献

E. 我认为善于跟进和落实对我的个人工作成效起很大作用

F. 如果最终能有好的结果，我准备接受暂时的孤立

G. 我经常能感觉出来什么是现实的和可行的

H. 我善于在不带偏见的情况下，提出新的替代方案

2. 如果我在团队合作方面有什么缺陷的话，我认为可能是：

A. 开会时，如果会议没有完整的结构，进程没有严密控制，我会感到不安

B. 对那些持有正确看法，却没有受到适当对待的人，我往往会过于宽厚

C. 每当团队讨论新想法时，我往往说得太多

D. 我对目标的看法阻碍我满怀热情地与同事们相处

E. 人们有时会认为，在必须作出某项决策时我比较强制和专断

F. 我发现自己不容易在前面带领别人，可能是因为太在意团队气氛了

G. 我太容易被各种主意所吸引，却忘记了眼下应该做什么

H. 同事们认为我没有必要那么担心细节，也不必那么担心事情会出错

3. 在与别人合作，共同完成一个项目时：

A. 我有在不施加任何压力的情况下去影响其他人的能力

B. 对细节的关注使我避免粗心和疏忽

C. 需要时我会敦促人们采取行动，确保没有浪费时间，并保证人们都在遵循总体目标

D. 人们指望我贡献创意

E. 我随时准备支持对大家都有好处的建议

F. 我总是热切寻求新的思想和新的发展

G. 我相信自己的判断力有助于形成正确的决策

H. 在确保所有必需的工作都得到精心组织方面，我不负众望

4. 在对待团队工作方面，我的特点是：

A. 我真诚地渴望深入了解同事

B. 我不怕挑战其他人的观点，也不怕成为少数派

C. 我经常能找出一大串论点来拒绝没有道理的建议

D. 我认为一旦计划要实施，我的才能在于让计划变成现实

E. 我有一个倾向：避免一清二楚的东西，追求未知

F. 对待任何我承担的工作，我都抱着追求完美的态度

G. 我乐于动用团队以外的关系

H. 一方面我对所有主意都有兴趣，另一方面，在必须下决心时我绝不犹豫

5. 我在工作中的满足感来自：

A. 我热衷于分析情况，然后权衡所有可能的选择

B. 我对找出解决问题的方法特别有兴趣

C. 我喜欢看到自己正在工作中培植良好的人际关系

D. 我对决策有很大影响力

E. 我能结识能够提供新东西的人

F. 我能让人们同意行动路线

G. 我能看到工作在我手中最后完成

H. 我喜欢投入一个能够挑战想象力的领域

6. 如果突然接受一个困难的任务，时间紧迫，人员又不熟悉，这时：

A. 我想缩到角落里先想出一个走出僵局的思路，然后再制订行动方案

B. 我很乐意与那个能够给我最正面方法的人合作

C. 通过确定不同的人最适合做什么，我想办法把任务分解

D. 我的紧迫感将帮助我们确保不延误工期

E. 我相信自己应该保持冷静，发挥自己敏锐的思考能力

F. 即使在压力面前我也坚持明确的目的性

G. 如果我觉得团队没有进展，我愿意担当积极的领导任务

H. 我会展开讨论，激发新的想法，推动事情开始启动

7. 在遇到问题时：

A. 对那些阻碍进展的人，我很容易表现出不耐烦的态度

B. 其他人可能会批评我作了太多分析，缺少直觉

C. 我要求做工作应该有条不紊，这一点有可能阻碍工作进程

D. 我很容易厌倦，常常依赖一两个团队成员激发我的热情

E. 我如果觉得目标不清楚，便很难行动

F. 有时候我很难把复杂问题对其他人解释清楚

G. 我常常遇到别人向我求助一些我自己也不会做的事情

H. 当我遇到强烈的反对时，我不太愿意表达自己的看法

请把每道题中各句分数分别填入下表，每行代表题号，然后按照列的方向将分数加起来。

（表注：分数最高的一项就是你表现出来的角色，分数第二高、第三高就是你的潜能，如果分数在 10 分以上有三项，证明你这三样都可以扮演，这便要看你的兴趣和能力在哪里了。如果你有一项突出，超过 18 分以上，你就是这类人，一般来说 5 分以下为你不能去扮演这个角色，15 分以上证明这个角色你表现很突出。）

1	G	D	F	C	A	H	B	C
2	A	B	E	G	C	D	F	H
3	H	A	C	D	F	G	E	B
4	D	H	B	E	G	C	A	F
5	B	F	D	H	C	A	C	G
6	F	C	G	A	H	E	B	D
7	E	G	A	F	D	B	H	C
总分	工兵	主席	开路先锋	智多星	八爪鱼	批评家	保姆	终结者

（1）主席。主席最突出的特征是专注于目标。他有可能善于推理，

但不是很聪明，而且很少有真正了不起的主意出自他的头脑。他的特点很突出：做事很严密，对自己的要求也很严格。他往往具有所谓的领导天赋：不用权威就可以影响别人往前走。他占据领导地位，控制全局，但采用的是轻松的方式。

（2）开路先锋。主席是团队领袖，开路先锋则是任务领袖，他的主要作用是强调完成既定程序和目标的必要性。在讨论中，他总是试图找出规律，试图把大家的想法、目标及各种现实的考虑综合在一起，形成一个整体项目。在这个过程中，他努力向前推进，希望尽快形成决定和行动。他外向、情绪化，没有耐心，有时易急躁。他会很快跳起来挑战别人，也会很快回应别人的挑战。他常常会跟别人争吵，但不会记仇。

（3）智多星。智多星是团队思想、建议和方案的来源，虽然其他人也能够贡献思想，但是智多星有别于他人的是他的首创性和他在思考问题和解决障碍时的极端方法。他是团队内最有想象力和智慧的成员，如果团队遇到困难，他也是最可能寻求到全新方案的成员。跟细节相比，他更关注重大问题。但是他会忽视细节，甚至犯粗心大意的毛病。

（4）批评家。在一个平衡的团队里，只有智多星和批评家需要高智商，但是与智多星相比，批评家更有一点冷血的味道。在秉性上，他很可能更加严肃，不易激动。他对团队的贡献在于冷静分析，而不是创造性思维。他不太可能产生创意，却很可能是他使团队从被误导的项目里抽身出来。他有一个最有价值的技能就是吸收、理解和评价大量书面信息、分析问题以及评价别人的判断和贡献。有时他做事缺乏技巧，甚至贬低别人、扫别人的兴。他很扎实可靠，却没有生气和热情，缺乏想象力。无论如何，他有一个很好的品质使他成为不可多得的团队成员，那就是他的判断几乎不会出错。

（5）工兵。工兵是很务实的组织者，他把决定和战略转化成详细的、可行的任务，这样人们可以具体操作。他关心的是可行性，他最主要的贡献是把团队的计划转化成可行的形式。他整理好目标，然后有条不紊地推进。他的诚恳、实在、信任同事是出了名的，而且他很不容易泄气，只有重大计划改变才有可能使他不安，因为他善于在不稳定、易变的环境下搏斗。他过分强求稳定的结构，永远试图建立稳定的结构。他的工作很系统，讲求效率和方法，但有时不够灵活。

（6）八爪鱼。八爪鱼是最有外交天分的团队成员，他外向开朗、合群、热衷社交，很容易被唤起热情。他的反应往往很积极，但是他热得快，凉得也快。他是团队中搞外交，找信息、主意和工具的成员。

（7）保姆。保姆是团队中最敏感的成员，他最理解每个个体的需要和担心，他最能体察到团队深层的情绪变化，他也最了解团队成员的个人和家庭情况，同时也是团队最活跃的沟通者。他是团队内部最受欢迎、最不咄咄逼人的黏合剂。如果有其他成员贡献了某个主意，他很可能会想办法完善它，而不是批评它或说一个敌对的主意。

（8）终结者。终结者担心的是什么地方可能会出错，除非他亲自检查了每一个细节，确信所有事情都有人做了，没有任何事情被忽略，否则他不可能放松自己。并非因为他格外琐细，而是因为他容易表现出急躁。

严明的纪律是团队不可或缺的

英国著名文学家莎士比亚在其所著的《特洛伊罗斯与克瑞西达》中说："纪律是达到一切雄图的阶梯。"这句话很有道理。在完成工作任务的过程中，任何组织成员要想实现最终的目标，把工作真正落实好，就要运用制度这个约束的阶梯。

哈佛校训告诉我们：没有规矩，不成方圆。任何组织都必须制定相应的管理制度，建立正常的工作秩序。要在工作中推行落实理念，就必须设定严明的纪律，因为，落实是以纪律和秩序为前提的。如果一个组织有令不行，有禁不止，再好的发展战略也不可能得到有效的落实。

一个有纪律的团队必定是一个团结协作、富有战斗力和进取心的团队，如果其中一个人无视纪律，不但会毁掉整个团队的战斗力，而且也会毁掉他自己的前途。任何一个员工都应该清楚地认识到，在企业里，严明的纪律是不容忽视的。

英特尔从创立开始就非常强调纪律，有明确的规定每天早上的上班制度，就是最好的例证。在英特尔，每天上班时间从上午8点整开始，8点零5分以后才报到的同事，就要签名，被认为是迟到。即使你前一天晚上加班到半夜，隔天上班时间仍是上午8点。这和20世纪70年代个人享乐主义凌驾一切的美国人的观念有些背道而驰，可是英特尔公司的这些制度却延续至今，始终如一。

这些严格的纪律一步步见证了英特尔的强大。有些企业中的员工把纪律视为洪水猛兽，其实它并不那么恐怖。世界上没有什么事情是绝对的，自由也是。没有纪律的约束，自由就会泛滥成为堕落。世界上杰出的企业都是将纪律放在重要位置上的。

英国克莱尔公司在新员工培训中，总是先介绍本公司的纪律。首席培训师总是这样说："纪律就是高压线，它高高地悬在那里，只要你稍微注意一下，或者不是故意去碰它的话，你就是一个遵守纪律的人。看，遵守纪律就这么简单。"

对一个员工来说，没有什么东西比敬业、热情、协作等精神更重要。但是要知道，人不是生来就具有这些精神的，没一个员工是天生就具有纪律意识的。所以，对员工进行纪律的培训显然十分重要，就像员工每天被要求保持整洁的仪表一样，要让所有的人都明白：纪律只有一种，大家必须遵守。

一名优秀的员工，必须了解和认同企业的文化，遵守企业的各项规章制度，在企业的指标下行动，这样才能和企业在同一条轨道上保持一致。那些不愿意遵从企业政策规范的任性员工，认为"随时可以辞职"的不稳定职员，以及冷眼旁观的自私者，都无益于企业的发展。因此，初涉职场的年轻人应着重培养自己的上进心，认识到组织制度有助于规范自我行为的重要性，认同企业文化，以便更好地适应竞争激烈的职场生活。

在刚性管理上，我们可以借鉴军队的管理制度。军队纪律的严明是有目共睹的。军队在纪律的约束下形成了既定的行为模式，使执行力的形成有了保障。春秋时期就有"孙武斩宠姬以示军威"，那时的孙武已经明白，要想使下属富有战斗力，提升他们乃至整个组织的落实能力，关键的因素就是在各项工作的落实中有严明的纪律和制度作为保障。在军队中那些令常人看来难以接受的纪律之下，产生的是一个又一个的钢铁战士。

正是在这些制度的约束下，才有了组织内部的密切协调，才有了每一次战斗任务的顺利执行，才有了完美的落实能力和精锐的战斗能力。纪律永远比任何东西都重要，没有了纪律，便没有了一切。

员工在公司中，要有强烈的纪律意识，只有保持良好的纪律意识，该干什么就毫无保留地干什么，工作和事业才能成功发展，就如同火车只有沿着轨道才能高速前行。因此，每个员工都要把纪律这个"轨道"烙在脑中，才能顺利开创工作的新局面。

一个优秀的公司，必定有一支有纪律的团队，它富有战斗力、团结协作精神和进取心。在这种团队中必定有纪律观念很强的员工，他们一定是积极主动、忠诚敬业的员工。可以说，纪律永远是忠诚、敬业、创造力和团队精神的基础。

组织是人的集合体，每个人都必须在一定的轨道上运行。纪律可以说就是员工在轨道上运行愿意遵守的态度，也可以说是员工对工作态度与目标的承诺。

化妆品巨头玫琳凯在阐述她对纪律的看法时说："我每次遇到员工不遵守纪律时，会先同这个员工商量，采取哪些具体措施以改进工作，我提出建议并规定一个合情合理的期限。不过，如果这种努力仍不能奏效，我只能决定不要他，因为遵守纪律没商量。"任何一个企业都不能忽略纪律的制定和执行，否则，便会遭受损失。因为纪律是企业之本，如果没有了纪律的约束，那么企业就像一盘散沙，毫无生命力可言。

公司要获得发展，就必须先构建纪律严明的、团结有力的、无坚不摧的团队。团队要想完成公司任务，就必须磨砺团队中每个成员无比坚定的信念，就必须要求每个成员用严明的纪律来约束自己。在那些著名企业中，员工纪律主要涉及这样一些基本内容：

★品行操守。这主要表现为员工为人处世的基本原则，比如忠诚、诚信、友善等，这些基本品性是一个企业优秀员工的基本人格要求。

★工作态度。不管从事什么工作，态度决定成败。工作是否勤奋，是否认真，是否规范，是否负责，是衡量员工是否爱岗敬业的标准。

★工作质量。工作质量是起码的准则，一个优秀的员工要善于学习，敢于创新，有所追求，有所奉献，同时爱护环境、注重安全。这都是员工纪律应当考虑的内容。

★团队协作。著名企业要求企业员工具有团队精神，能平等待人、真诚沟通、公平竞争、顾全大局。

★仪表举止。名牌企业员工首先是一个现代人，是一个文明人。因此，仪容仪表、行为举止、语言谈吐、待人接物等，在员工纪律规范中都应当有所要求。

企业的活力来源于各级员工良好的职业精神面貌、崇高的职业道德。在残酷的商业竞争中，企业需要营造员工自觉遵守纪律的文化氛围，需要建立严格的制度和规范，这些制度和规范需要员工去配合遵守，这是任何一家企业都不可动摇的铁的纪律。

借口是团队发展的硬伤

"实在是没办法！"这样的话，你是否感到很熟悉？你的身边是否就常常有这样的声音？是真的没办法吗！还是我们根本没有好好想办法？

一个人面对困难时所表现出来的素质，是自控力的外在体现，也是企业区分一流员工和末流员工的重要标准。聪明的员工，敢于面对问题，超越自我，积极地寻找解决问题的方法，以"主动解决"的韧劲，全力以赴攻克难关，落实目标。

来看 2002 年 1 月 22 日《华尔街日报》的一则报道：

由于销售业绩不佳，主要的食品经销商决定停止供货，美国零售业巨头凯马特百货公司可能申请破产保护。

在无法取得银行救助资金的情况下，凯马特的董事会成员在 1 月 21 日开会时作出申请破产保护的决定。

《纽约时报》引用凯马特公司的顾问的话称，预计凯马特公司将于 1 月 22 日上午提出申请。凯马特公司希望通过破产保护，关闭大约 250 家连锁店，并重组价值约 47 亿美元的债务。

过去的几年里，凯马特公司的市场占有率一直在减少，节假日的促销活动成效差更是令公司雪上加霜。凯马特公司在上周穆迪投资服务公司和标准普尔的排名中大幅度下降。

此消息一出，舆论哗然。具有105年历史，美国曾经的零售业巨头，第一个创造出"折扣营销模式"的美国第三大零售集团——"凯马特"大厦轰然倒下！

凯马特商业巨人的倒塌有其长期潜伏的原因。

1999年，曾是美国第一大零售商的凯马特开始显露出走下坡路的迹象，有一个关于凯马特的故事在广泛流传。

在1990年的凯马特总结会上，一位高级经理犯了一个"错误"，他向坐在他身边的上司请示如何更正。这位上司不知道如何回答，便向上级请示："我不知道，您看怎么办？"而上司的上司又转过身来，向他的上司请示。这样一个小小的问题，一直推到总经理帕金那里。帕金后来回忆说："真是可笑，没有人积极思考解决问题的办法，而将问题一直推到最高领导那里。"

从这则事例看出，凯马特的破产可能由于很多管理和运作上的问题，但是推至深层次分析，员工缺乏责任心，遇事寻找依靠，寻找借口的工作态度才是导致凯马特破产的最根本的原因。

优秀员工或团队从不在工作中寻找任何借口，他们总是把每一项工作尽力做到超出客户的预期，最大限度地满足客户提出的要求，而不是推诿；他们总是出色地完成上级安排的任务，替上级解决问题；他们总是尽全力配合同事的工作，对同事提出的帮助要求，从不找任何借口推托或延迟。

许多借口总是把"不""不是""没有"与"我"紧密联系在一起，其潜台词就是"这事与我无关"——不愿明确自己的工作，而将自己该为公司做的事推给别人。很多人遇到困难不知道努力解决，只是想找借口推卸责任，这样的人很难成为企业最受欢迎的员工，甚至很难加入一个团队。

任何一个老板都希望自己拥有优秀的员工和团队，他们能不折不扣地完成任务，即使没有完成任务，也能主动承担责任而不是寻找任何借口。"拒绝借口"应该成为所有企业奉行的最重要的行为准则，它强调的是每一位员工想尽办法去完成任何一项任务，而不是为没有完成任务去寻找任何借口，哪怕看似合理的借口。"拒绝借口"目的是为了让员工学会适应压力，培养他们不达目的不罢休的毅力。它让每一个员工懂得：工作中是没有任何借口的，失败是没有任何借口的，人生也没有任何借口。

借口给人带来的严重危害是让人消极颓废。如果养成了寻找借口的习惯，那么在遇到困难和挫折时，不是积极地去想办法克服，而是寻找各种各样的借口。这种消极自控力剥夺了个人成功的机会，最终让人一事无成。

自律，让队员的行动规范化

自律是一个人的优良品质，一个人要想担负起责任，没有这种品质是不行的。一个人如果想很好地为自己的团队服务，也必须具

超级自控力

备这样的品质。自律之所以这么重要，因为它是一个优秀人才必备的素质，也是任何人都希望具有的。要想有所作为必须要坚持自律原则，选择自己的原则，然后在行动中坚持它。

儿子 6 岁时，父亲带他去牧师家做客。吃早餐时，儿子弄洒了一点牛奶。照父亲定的规矩，洒了牛奶是要受罚的，只能吃面包。牧师热情地再三劝他喝牛奶，可儿子还是不肯喝。他低着头说："我洒了牛奶，就不能喝了。"后来，牧师看见了坐在餐桌上正在吃早餐的父亲，以为是儿子害怕父亲说他才不敢吃，于是找了一个借口让父亲离开了餐厅。

接着，牧师又拿出更多好吃的点心劝小男孩吃，但小男孩还是不吃，并一再说："就算爸爸不知道，可是上帝知道，我不能为了一杯牛奶而撒谎。"

牧师觉得十分震惊，把父亲叫进客厅说了这事。父亲解释说："不，他并不是因为怕我才不喝的，而是因为从心里认识到这是约束自己的纪律，所以才不喝。"

自律是一种美德，无论做什么事都要严格要求自己。因为你这样是对自己负责，并不是为了做给别人看，所以有没有人监督你并不重要。杰克·韦尔奇认为，一名优秀的职员应该具备出色的自律能力，不然是无法胜任任何职位的，当然，最终他也不会成为一名好职员。

一名优秀的员工一定要清醒地认识到，在公司老板加强员工纪律性的时候，必须服从上司，没有什么条件可讲。要知道，纪律比什么都重要，它是每个人保持工作动力的重要因素，是最大限度发挥潜力的基本保障。对纪律性的正确认识和执行观念，将成为事业成功的重要因素之一。

企业制度是员工个人成长的保证。有些员工没有认识到遵守企业制度的重要性，他们以为规章、制度等规范都只是企业约束、管理员工的需要，对此他们往往持排斥的态度，表面上遵守，内心深处则是一百个不愿意，在没有监督的情况下，往往会做出一些违背公司规章制度的事情。

那么如何提高自己的自律能力呢？我们可以遵循以下几个步骤：

★正确思考

如果不开动脑筋，就不可能把事情做好。剧作家乔治·萧伯纳说："在一年之中有两到三次用心去认真思考问题的人不多。我之所以在世界上有点名气，就是因为我每周都认真思考一到两次。"如果你始终让大脑保持活跃，经常考虑富有挑战性的问题，不断思索需要认真对待的事情，你就能培养出有规律的思维习惯，这对于控制你的个人行为将会很有帮助。

★合理控制情绪

著名作家奥格·曼狄诺说过："强者与弱者的唯一区别在于，强者用行为控制情绪，而弱者只会任由情绪主宰自己的行为。"衡量一个人自制力强弱的关键，就在于他是否能够有效地控制自己的情绪。

一名初入歌坛的歌手，满怀信心地把自制的录音带寄给某位知名制作人。然后，他就日夜守候在电话机旁等候回音。

第一天，他因为满怀期望，所以情绪极好，逢人就大谈抱负。第十七天，他因为情况不明，所以情绪起伏，胡乱骂人。第三十七天，他因为前程未卜，所以情绪低落，闷不吭声。第五十七天，他因为期望落空，所以情绪坏透了，接起电话就骂人。没想到电话正是那位知名制作人打来的。他为此毁了期望，断送了前程。

★行为规律化

富兰克林在《我的自传》中，将自制称为自己获取成功的 13 种美德之一，认为自己之所以能够取得如此骄人的成就，主要获益于"做事有定时，置物有定位"的良好习惯。我们应当像富兰克林那样，学会控制自己的行为。

★强化你的工作习惯

自制力意味着在合适的时间，为了适当的理由去做需要做的事情。总结一下你的首要任务和行动，看看你的方向是否正确，每天做些必须做但又让自己不那么愉快的事，以培养自制力。

★挑战自我

为坚定你的信念和决心，选择一项超出你的想象的任务，全身心投入其中并完成它。为此，要求你思维敏锐，行动规律化。坚持下去，你会发现自己能做到的远远超出自己原先预期的。

图书在版编目（CIP）数据

超级自控力 / 连山著 . -- 北京 : 中国华侨出版社，
2019.8（2021.6 重印）

ISBN 978-7-5113-7937-5

Ⅰ . ①超… Ⅱ . ①连… Ⅲ . ①自我控制—通俗读物
Ⅳ . ① B842.6-49

中国版本图书馆 CIP 数据核字（2019）第 148976 号

超级自控力

著　　者：连　山
责任编辑：黄　威
封面设计：冬　凡
文字编辑：朱立春
美术编辑：刘欣梅
经　　销：新华书店
开　　本：880mm×1230mm　1/32　印张：7.5　字数：195 千字
印　　刷：三河市吉祥印务有限公司
版　　次：2019 年 12 月第 1 版　2021 年 6 月第 5 次印刷
书　　号：ISBN 978-7-5113-7937-5
定　　价：38.00 元

中国华侨出版社　北京市朝阳区西坝河东里 77 号楼底商 5 号　邮编：100028
法律顾问：陈鹰律师事务所
发 行 部：（010）88893001　　　　传　　真：（010）62707370

如果发现印装质量问题，影响阅读，请与印刷厂联系调换。